Kouamé Juslain Romaric Kouadio

Os mangais estão ameaçados

Kouamé Juslain Romaric Kouadio

Os mangais estão ameaçados

ScienciaScripts

Imprint
Any brand names and product names mentioned in this book are subject to trademark, brand or patent protection and are trademarks or registered trademarks of their respective holders. The use of brand names, product names, common names, trade names, product descriptions etc. even without a particular marking in this work is in no way to be construed to mean that such names may be regarded as unrestricted in respect of trademark and brand protection legislation and could thus be used by anyone.

Cover image: www.ingimage.com

This book is a translation from the original published under ISBN 978-620-6-72897-9.

Publisher:
Sciencia Scripts
is a trademark of
Dodo Books Indian Ocean Ltd. and OmniScriptum S.R.L publishing group

120 High Road, East Finchley, London, N2 9ED, United Kingdom
Str. Armeneasca 28/1, office 1, Chisinau MD-2012, Republic of Moldova, Europe
Managing Directors: Ieva Konstantinova, Victoria Ursu
info@omniscriptum.com

Printed at: see last page
ISBN: 978-620-8-37076-3

DEDICAÇÃO

Dedico este livro a

à memória do meu pai, o falecido KOUADIO Kouassi Kouma e

a minha mãe, a falecida GBELIA Likagnéné Aimée Pauline, que Deus Todo-Poderoso os acolha no seu paraíso

Aos meus irmãos e irmãs

Prefácio e agradecimentos

Inicialmente fascinado pelo direito, com a ambição de me tornar magistrado, descobri a minha vocação para a geografia ao ver um documentário sobre fenómenos naturais transmitido pela National Geographic. Esta experiência despertou em mim uma profunda admiração pelas ciências da Terra, levando-me a escolher a geografia em vez do direito após o meu bacharelato. Na universidade, interessei-me pela climatologia, um ramo da geografia física, atraído pelo estudo dos fenómenos climáticos. À medida que os meus estudos avançavam, o meu interesse aumentou, nomeadamente devido aos desafios colocados pelas alterações climáticas, que afectam gravemente o ambiente e os recursos hídricos, especialmente em África e na Costa do Marfim. Isto levou-me a interessar-me pela degradação dos mangais, daí o título do meu livro *"Os mangais ameaçados"*.

Gostaria de expressar os meus sinceros agradecimentos às Editions Universitaires Européennes, aos meus orientadores e a todos aqueles que me apoiaram ao longo desta aventura. Espero que este trabalho sirva para compreender melhor e preservar os mangais da Costa do Marfim.

Índice

Introdução

Os mangais são ecossistemas costeiros vitais, reconhecidos pela sua biodiversidade única e pelos muitos serviços que prestam ao ambiente. No entanto, estão cada vez mais ameaçados pelas alterações climáticas globais, que estão a alterar a sua distribuição e funcionamento. À escala mundial, o aumento das temperaturas da terra e dos oceanos, atribuído ao aumento dos gases com efeito de estufa, favoreceu a ocorrência de fenómenos meteorológicos extremos, como tempestades mais frequentes e chuvas intensas. Estes fenómenos aumentam o risco de inundações e de erosão, ameaçando diretamente os mangais. Simultaneamente, as alterações nos padrões de precipitação e a acidificação dos oceanos estão também a ter um impacto nos ecossistemas marinhos, nomeadamente perturbando os processos naturais de regeneração das plantas e tornando os mangais mais susceptíveis a doenças e a espécies invasoras. Neste contexto de mudanças rápidas, é essencial estudar as interações complexas entre estas alterações climáticas e os mangais, a fim de desenvolver estratégias de conservação adequadas. A investigação científica sobre a dinâmica dos mangais face às alterações climáticas é, portanto, essencial para antecipar os riscos futuros e definir medidas de proteção eficazes (Alongi, 2008, p.115).

Na Costa do Marfim, os mangais cobrem cerca de 80.000 hectares ao longo da costa atlântica, representando cerca de 3% dos mangais da África Ocidental (Kouadio et al., 2013). Estes ecossistemas estão particularmente expostos às pressões humanas, tais como a desflorestação para a produção de carvão vegetal, a conversão de terras para a agricultura e a aquicultura e a poluição proveniente de actividades industriais e domésticas. As alterações climáticas, como a subida do nível do mar e o aumento da precipitação, também estão a influenciar a sua dinâmica. A lagoa de Tadio, situada no sul da Costa do Marfim, é um dos principais locais de mangais do país, mas está sujeita a uma forte pressão humana, nomeadamente devido à pesca, à agricultura e ao abate de árvores. Além disso, está sujeito a variações hidroclimáticas como as marés, as inundações e os períodos de seca, que afectam diretamente a evolução dos mangais. O objetivo desta tese é, portanto, examinar os contextos hidroclimáticos e humanos que influenciam a dinâmica dos mangais na lagoa do Tadio, utilizando uma abordagem integrada que combina deteção remota, levantamentos de campo, modelação e inquéritos socioeconómicos.

Capítulo 1: Os mangais da Laguna Tadio e o seu papel ecológico

Introdução

Os mangais da lagoa do Tadio representam um ecossistema único e essencial para a região, protegendo a costa da erosão e assegurando a estabilidade dos solos. Este ambiente, rico em biodiversidade, proporciona um habitat para uma diversidade notável de flora e fauna, contribuindo assim para a dinâmica ecológica local. As comunidades locais também beneficiam diretamente deste ambiente, seja através da pesca, da exploração da madeira ou da exploração de produtos florestais não lenhosos. Este capítulo descreve as caraterísticas dos mangais de Tadio e a sua importância ecológica, económica e social, bem como as ameaças que enfrentam, como a desflorestação, a conversão de terras, a poluição e as alterações climáticas. São também apresentadas recomendações para uma gestão sustentável, dada a importância crucial dos mangais na regulação do clima e no combate à erosão costeira. Num contexto de dinâmica ambiental acelerada, nomeadamente na África Ocidental e na Costa do Marfim meridional, este ecossistema deve ser estudado pela sua resiliência face às pressões crescentes. São portanto necessárias estratégias de conservação para manter os serviços ecossistémicos que fornece e limitar os impactos ecológicos e socioeconómicos da sua degradação.

I- Biodiversidade dos mangais da lagoa do Tadio

1. O que é um mangue?

1- 1-1- Apresentação da zona de estudo

A nossa zona de estudo situa-se entre 5°10'32" Norte e 5°15'14" Oeste no sul da Costa do Marfim, nas regiões de Grands-Ponts e Lôh Djiboi. O complexo lagunar de Grand-Lahou inclui as lagoas de Nyouzomou, Tagba, Maké e Tadjo (Figura 1). Cobre uma superfície de cerca de 230 km2. Está ligada ao oceano por um canal situado na foz do rio Bandama, a alguns quilómetros a leste de Grand-Lahou (Djadji et al., 2013; Wango et al., 2013). Nesta parte do litoral marfinense, os mangais estendem-se desde o canal de Azagny até Ebonou, onde se encontra um dos maiores mangais da Costa do Marfim, com árvores que atingem alturas superiores a 20 m (Djadji et al., 2013; Wango et al., 2013). A lagoa de Tadio é um dos cursos de água que alimentam e drenam toda a região de Grands-Ponts. Existem várias aldeias e cursos de água nas proximidades da lagoa de Tadjo. A maioria destas aldeias é habitada por comunidades piscatórias e agrícolas, que dependem fortemente dos recursos naturais da lagoa para a sua subsistência. O clima é subequatorial e sempre húmido, conhecido localmente como "clima Attiéen". A lagoa do Tadio é um ecossistema crítico, onde vive uma grande variedade de plantas, animais e peixes. A zona está igualmente sujeita a pressões antropogénicas, como a poluição, a degradação dos habitats e a exploração excessiva dos recursos. Como todas as zonas costeiras, a lagoa do Tadio está frequentemente exposta a riscos associados às alterações climáticas, como a subida do nível do mar, a erosão costeira e as tempestades. Poderia ser efectuado um estudo para avaliar a vulnerabilidade da lagoa às alterações climáticas e propor medidas de adaptação adequadas. Ao estudar os mangais da lagoa do Tadio, podemos compreender melhor o seu funcionamento ecológico e os mecanismos que lhes permitem resistir a condições ambientais difíceis, como as flutuações do nível do mar, a elevada salinidade e a acumulação de sedimentos. Este conhecimento é essencial para uma gestão sustentável deste ecossistema frágil, nomeadamente na perspetiva da sua exploração económica. Os mangais da lagoa do Tadio são também uma fonte de rendimento para as populações locais, que utilizam a madeira dos mangais como material de construção e para a produção de carvão vegetal. O estudo do seu potencial económico e sustentabilidade é, portanto, crucial para assegurar uma exploração responsável destes recursos naturais e garantir a subsistência das comunidades que vivem em torno da lagoa. Os mangais da lagoa do Tadio também desempenham um papel na regulação do clima local e global.

Mapa 1: Lagoa de Tadio (sul da Costa do Marfim)

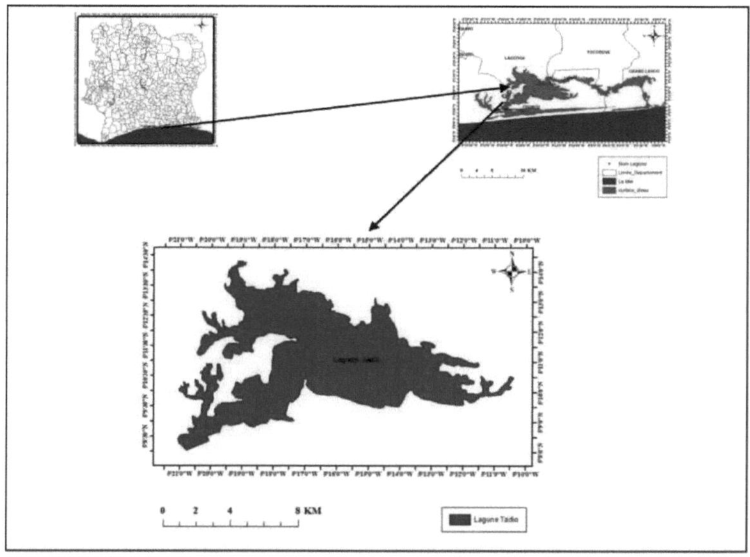

Fonte: Base Shp CI, Mapa Côte 1-2 / Produção: Kouadio Romaric

1- 1-2- Apresentação dos mangais: definição e caraterísticas gerais.

O mangal, este ecossistema único e precioso, é definido sob vários ângulos, consoante o domínio de especialização. É estudado por ecologistas, geógrafos e ambientalistas, cada um com a sua perspetiva particular. Esta diversidade de abordagens permite apreender a essência complexa dos mangais e apreciar as suas múltiplas funções em termos de conservação da biodiversidade, de proteção do litoral e dos serviços socioeconómicos que prestam. Em primeiro lugar, do ponto de vista ecológico, o mangal é constituído por uma vegetação adaptada aos meios costeiros tropicais e subtropicais, situada nas zonas de maré, onde a água doce e a água salgada se encontram. As árvores e os arbustos que o compõem - como os mangais dos géneros Rhizophora, Avicennia e Sonneratia - estão excecionalmente bem adaptados à salinidade, aos solos lamacentos e aos baixos níveis de oxigénio. Neste sentido, Tomlinson (1986) descreve o mangal como um ecossistema de transição entre a terra e o mar, caracterizado por uma rede de raízes que estabiliza o solo e favorece o crescimento de uma biodiversidade específica. No que respeita às suas funções ambientais, o mangal destaca-se pelo seu papel essencial na proteção das zonas costeiras. Não só actua como um baluarte natural contra a erosão, as tempestades e as vagas de tempestades, como também actua como um filtro ecológico. Como tal, captura sedimentos e poluentes, ajudando a purificar a água e a manter a qualidade dos ecossistemas aquáticos circundantes. Além disso, Alongi (2009) insiste no facto de os mangais constituírem um verdadeiro "ecossistema de serviços", capaz de suportar uma diversidade de espécies marinhas e terrestres e de armazenar uma quantidade significativa de carbono. Os mangais desempenham assim um papel importante na luta contra o aquecimento climático, graças à sua capacidade de sequestrar grandes quantidades de carbono. A perspetiva biogeográfica também nos ajuda a compreender a distribuição dos mangais no mundo. Situados principalmente entre as latitudes 25° Norte e 25° Sul, cobrem as costas de regiões como a América Central e do Sul, a África Ocidental, o Sudeste Asiático e a Oceânia. Esta situação geográfica confere aos mangais uma grande diversidade de espécies vegetais e animais adaptadas a estas condições únicas. Nesta perspetiva, Duke (1992) descreve os mangais como ecossistemas tropicais cosmopolitas, salientando as adaptações morfológicas e fisiológicas que lhes permitem prosperar apesar das condições instáveis das costas tropicais. Os mangais têm também uma importância considerável para as populações locais, que deles retiram benefícios socioeconómicos significativos. Trata-se de um recurso valioso em termos de madeira, carvão vegetal e produtos medicinais, bem como de materiais de construção. É também uma zona de pesca vital para muitas comunidades costeiras. Barbier et al (2011) salientam que este ecossistema, ao fornecer recursos haliêuticos e ao favorecer o desenvolvimento da aquicultura, contribui para a segurança alimentar e económica das regiões que dele dependem. Isto mostra que os mangais são muito mais do que simples florestas costeiras: eles encarnam um património local multifacetado. Por último, do ponto de vista jurídico e de conservação, os mangais beneficiam, em muitos países, de um quadro regulamentar destinado a assegurar a sua proteção. A fragilidade deste ecossistema, associada ao seu valor ecológico, levou à adoção de leis específicas para evitar a sua degradação e promover a sua recuperação. Nas suas recomendações, a FAO (2007) apresenta os mangais como um património natural a preservar, exigindo políticas de gestão sustentável e estratégias de conservação que envolvam as comunidades locais. Esta abordagem participativa é considerada essencial para garantir a sustentabilidade dos ecossistemas de mangais face às crescentes pressões induzidas pelo homem.

1- 2- Condições ambientais da lagoa do Tadio e processos de reprodução dos mangais

1- 2-1- Condições ambientais da lagoa do Tadio

A lagoa de Tadio, situada no sul da Costa do Marfim, caracteriza-se por condições ambientais distintas e variadas que influenciam diretamente os ecossistemas de mangais. Em primeiro lugar, o clima da região é tipicamente tropical, com alternância de estações húmidas e secas. Durante a estação das chuvas, a precipitação abundante alimenta a lagoa, aumentando o nível da água e modificando a salinidade, o que favorece o crescimento de certas espécies vegetais adaptadas a estas variações. Em segundo lugar, as temperaturas médias elevadas, que oscilam geralmente entre 24 e 30 graus Celsius, criam um ambiente favorável ao desenvolvimento dos mangais. Este calor constante, combinado com uma humidade elevada, contribui para a fotossíntese eficaz das plantas e para a proliferação da biomassa vegetal. As marés também desempenham um papel crucial na dinâmica da lagoa do Tadio. O fluxo e refluxo regular das marés repõe a água, evitando a estagnação e assegurando a circulação contínua de nutrientes essenciais à flora e fauna locais. Este movimento das marés também ajuda a dispersar as sementes dos mangais, facilitando a regeneração natural dos mangais. Para além disso, o solo da lagoa, composto principalmente por sedimentos finos e matéria orgânica, fornece um substrato fértil para o enraizamento dos mangais. A composição rica em nutrientes do solo favorece o crescimento rápido das plantas, enquanto a capacidade de retenção de água dos sedimentos garante uma disponibilidade constante de água, mesmo durante os períodos de maré baixa. Além disso, a qualidade da água na lagoa de Tadio é influenciada por uma variedade de factores antropogénicos e naturais. Os influxos de água doce dos rios circundantes diluem parcialmente a salinidade, criando condições ideais para uma variedade de espécies de mangais que não toleram níveis de salinidade excessivamente elevados. No entanto, as actividades humanas, como a agricultura e a pesca, podem introduzir poluentes e sedimentos adicionais, afectando a qualidade geral da água e a saúde do ecossistema. Em conclusão, as condições ambientais da lagoa do Tadio são definidas por uma interação complexa entre o clima tropical, as marés, a composição do solo e a qualidade da água. Estes factores interagem para criar um habitat único que suporta uma rica biodiversidade e fornece serviços vitais ao ecossistema.

1- 2-2-Processo e modo de reprodução dos mangais na lagoa do Tadio

O modo de reprodução dos mangais da lagoa do Tadio é um fenómeno complexo e fascinante que merece ser estudado em profundidade. Antes de mais, convém recordar que os mangais são plantas dióicas, o que significa que existem plantas masculinas e femininas. A polinização é, portanto, uma etapa essencial do processo de reprodução e é geralmente efectuada pelo vento ou por insectos. Uma vez efectuada a polinização, as sementes de mangue, ou propágulos, desenvolvem-se na planta-mãe. Estes propágulos são muitas vezes alongados e em forma de feijão, e têm caraterísticas especiais que lhes permitem sobreviver e desenvolver-se num ambiente pantanoso e salgado. Por exemplo, os propágulos de algumas espécies de mangue são capazes de flutuar e germinar ainda na água, uma vantagem considerável num ambiente em constante mudança. Depois, quando os propágulos estão maduros, são libertados pela planta-mãe e iniciam a sua viagem através das correntes marítimas e fluviais. Esta fase de dispersão é crucial para a sobrevivência e a diversidade dos mangais, permitindo-lhes colonizar novos ambientes e manter uma certa diversidade genética. Os propágulos podem percorrer longas distâncias, o que constitui outro fator importante na dispersão e colonização de novos habitats. Por fim, os propágulos que atingem um ambiente favorável, como a lagoa do Tadio, fixam-se e desenvolvem-se, formando uma nova geração de mangais. As jovens plântulas de mangue procuram substratos soltos, como a lama, que lhes permitam desenvolver as suas raízes de forma óptima. Estas raízes, muitas vezes aéreas, têm várias funções: permitem à planta manter-se num meio instável, absorver o oxigénio do ar e favorecer a troca de nutrientes. A forma como os mangais da lagoa do Tadio se reproduzem é um verdadeiro testemunho da resiliência e engenho da natureza, um processo complexo e dinâmico que permite a estas plantas sobreviver e prosperar num ambiente particularmente exigente. É também importante sublinhar que a forma como os mangais se reproduzem está intimamente ligada ao seu ciclo de vida. Os mangais são plantas perenes, o que significa que podem viver durante muitos anos, ou mesmo várias décadas. O seu ciclo de vida é, portanto, caracterizado por uma fase de crescimento e desenvolvimento, seguida de uma fase de reprodução e dispersão. A fase de crescimento e desenvolvimento dos mangais é particularmente importante, pois permite-lhes adaptarem-se ao seu ambiente e desenvolverem as caraterísticas que os ajudarão a sobreviver e a reproduzir-se. Por exemplo, os mangais são capazes de tolerar variações significativas de salinidade, o que constitui uma vantagem considerável num ambiente como a lagoa do Tadio. Além disso, são capazes de desenvolver raízes aéreas que lhes permitem fixar-se em substratos soltos e absorver o oxigénio do ar. A fase de reprodução e dispersão dos mangais é também crucial para a sua sobrevivência e diversidade. A reprodução e a dispersão dos propágulos permitem-lhes colonizar novos habitats e manter uma certa diversidade genética. Esta diversidade genética é importante porque permite aos mangais adaptarem-se a novos ambientes e fazer face a ameaças como as doenças ou as alterações climáticas. A forma como os mangais da lagoa do Tadio se reproduzem é um fenómeno complexo e fascinante, intimamente ligado ao seu ciclo de vida e à sua adaptação ao meio ambiente.

1- 3- Formação de mangais na lagoa do Tadio

1- 3-1-Factores geológicos na formação dos mangais da lagoa do Tadio

Os factores geológicos desempenham um papel central na formação e no desenvolvimento dos mangais da lagoa do Tadio, um ecossistema único e precioso situado na costa da Costa do Marfim. Para melhor compreender a influência destes factores, é essencial analisar vários aspectos como o tipo de solo, a topografia, os processos geomorfológicos e os movimentos tectónicos regionais. Em primeiro lugar, o tipo de solo é um fator-chave para o estabelecimento e o crescimento dos mangais. Estas florestas particulares requerem solos lodosos ricos em matéria orgânica para se desenvolverem. No caso da lagoa do Tadio, os sedimentos trazidos pelos rios e pelas marés constituem um substrato ideal para o desenvolvimento destes ecossistemas. Os depósitos de sedimentos, constituídos por partículas finas e matéria orgânica em decomposição, proporcionam um ambiente favorável ao enraizamento e crescimento dos mangais, árvores emblemáticas dos mangais. Em segundo lugar, a topografia do sítio desempenha um papel determinante na formação dos mangais. As zonas costeiras planas e pouco profundas caraterísticas da lagoa do Tadio favorecem o estabelecimento e o crescimento das árvores de mangal. Estas condições topográficas permitem igualmente uma boa circulação da água, essencial para a sobrevivência e a expansão destas florestas. Para além disso, as variações do nível da água induzidas pelas marés contribuem para a criação de micro-habitats específicos, oferecendo uma diversidade de espaços para a colonização de diferentes espécies de mangais. Por outro lado, os processos geomorfológicos, como a erosão e a sedimentação, contribuem ativamente para a formação dos mangais da lagoa do Tadio. A ação combinada das marés, das ondas e das correntes marinhas resulta na deposição de sedimentos e na criação de novas áreas adequadas à colonização dos mangais. Este fenómeno de sedimentação permite a acumulação progressiva de matéria, favorecendo a expansão dos mangais para novas áreas. Por outro lado, a erosão das margens e dos ilhéus pode libertar espaço para a expansão dos mangais, ao mesmo tempo que fornece sedimentos adicionais para o crescimento e desenvolvimento destes ecossistemas. Por outro lado, os factores geológicos regionais, como a tectónica de placas e os movimentos verticais da linha de costa, influenciam a formação e a evolução dos mangais na lagoa do Tadio. Estes fenómenos podem influenciar a subsidência ou a emersão da linha de costa, modificando assim as condições ambientais e favorecendo ou limitando o desenvolvimento dos mangais. Por exemplo, um movimento de subsidência pode levar a um aumento da superfície inundável, oferecendo novas oportunidades para a colonização dos mangais. Inversamente, um movimento de emergência pode reduzir a área disponível para os mangais, limitando a sua expansão. Finalmente, é importante considerar as interações entre os factores geológicos e outros factores ambientais, tais como o clima, a salinidade e a biodiversidade, que influenciam conjuntamente a formação e o desenvolvimento dos mangais na lagoa do Tadio. O equilíbrio entre estes diferentes factores contribui para a criação de um ecossistema complexo e dinâmico, capaz de se adaptar às mudanças e manter a sua resiliência face às perturbações.

1- 3-2- Caraterísticas do solo na formação de manguezais na lagoa do Tadio

As caraterísticas do solo desempenham um papel fundamental na formação e no desenvolvimento dos mangais da lagoa do Tadio, um ecossistema notável situado na costa da Costa do Marfim. Para compreender melhor a influência destas caraterísticas, é essencial examinar vários aspectos como a textura, a estrutura, a composição química e as propriedades biológicas do solo. Em primeiro lugar, a textura do solo é um elemento-chave para o estabelecimento e o crescimento dos mangais. Estas florestas únicas necessitam de solos lamacentos, constituídos por partículas finas, para se desenvolverem. No caso da lagoa do Tadio, os sedimentos trazidos pelos rios e pelas marés constituem um substrato ideal para o desenvolvimento destes ecossistemas. Os depósitos de silte e argila, misturados com matéria orgânica em decomposição, proporcionam um ambiente ideal para o enraizamento e crescimento das árvores de mangue. Em segundo lugar, a estrutura do solo desempenha um papel decisivo na formação dos mangais. Solos bem estruturados, com agregados estáveis e poros interligados, favorecem a circulação de água e ar, essenciais para a sobrevivência e expansão dessas florestas. Além disso, as variações do nível da água provocadas pelas marés ajudam a criar condições específicas de solo, oferecendo uma diversidade de espaços para a colonização por diferentes espécies de mangue. A composição química dos solos também tem uma grande influência na formação e desenvolvimento dos mangais na lagoa do Tadio. Os solos dos mangais são geralmente ácidos a neutros, com um PH entre 4 e 8. A salinidade é também um fator importante, uma vez que os mangais são capazes de tolerar níveis elevados de sal no solo. Esta tolerância ao sal deve-se a adaptações fisiológicas e morfológicas dos mangais, que lhes permitem excretar ou armazenar o excesso de sal. Além disso, a presença de nutrientes como o azoto, o fósforo e o potássio é essencial para o crescimento e o desenvolvimento dos mangais. Os processos de mineralização e decomposição da matéria orgânica contribuem para a libertação destes nutrientes no solo, tornando-os disponíveis para as plantas. Para além disso, as propriedades biológicas dos solos dos mangais da lagoa do Tadio desempenham um papel crucial na formação e evolução destes ecossistemas. A matéria orgânica, derivada da decomposição de folhas, raízes e outros resíduos vegetais, é uma importante fonte de nutrientes para os manguezais. Ela também ajuda a melhorar a estrutura do solo e a retenção de água, promovendo assim o crescimento e a expansão dos manguezais. A biodiversidade microbiana do solo, incluindo bactérias, fungos e outros microrganismos, também desempenha um papel essencial na reciclagem de nutrientes e na decomposição de poluentes. Finalmente, é importante considerar as interações entre as caraterísticas do solo e outros factores ambientais, tais como o clima, a geologia e a biodiversidade, que influenciam conjuntamente a formação e o desenvolvimento dos mangais na lagoa do Tadio. O equilíbrio entre estes diferentes factores contribui para a criação de um ecossistema complexo e dinâmico, capaz de se adaptar às mudanças e de manter a sua resiliência face às perturbações.

1- 3-3-Factores ecológicos na formação de mangais na lagoa do Tadio

Os factores ecológicos desempenham um papel fundamental na formação e desenvolvimento dos mangais da lagoa de Tadio, um ecossistema muito apreciado na costa da Costa do Marfim. Para melhor compreender a influência destes factores, é necessário analisar vários aspectos como o clima, as espécies vegetais e animais, as interações bióticas e os processos ecológicos. Em primeiro lugar, o clima é um fator-chave para o estabelecimento e o crescimento dos mangais. Estas florestas únicas desenvolvem-se em regiões tropicais e subtropicais, onde as temperaturas são elevadas e a precipitação abundante durante todo o ano. No caso da lagoa do Tadio, o clima quente e húmido proporciona as condições ideais para o desenvolvimento destes ecossistemas. As temperaturas elevadas favorecem o crescimento e a reprodução das árvores de mangal, árvores emblemáticas dos mangais, enquanto a pluviosidade fornece a água doce de que estas necessitam para sobreviver. Em segundo lugar, as espécies vegetais e animais presentes nos mangais da lagoa do Tadio contribuem ativamente para a formação e evolução destes ecossistemas. As árvores dos mangais, adaptadas às condições de vida particulares das zonas intertidais, são o principal componente destas florestas. As suas raízes aéreas, denominadas pneumatóforos, absorvem o oxigénio e asseguram a estabilidade dos solos lodosos. Os mangais albergam também uma grande variedade de espécies animais, como crustáceos, moluscos, peixes e aves, que interagem com os mangais e contribuem para o funcionamento global do ecossistema. As interações bióticas desempenham também um papel decisivo na formação e desenvolvimento dos mangais da lagoa do Tadio. As relações simbióticas, como as estabelecidas entre os mangais e as bactérias fixadoras de azoto, ajudam a enriquecer o solo com nutrientes e a promover o crescimento das plantas. Além disso, as relações tróficas, como a predação e o parasitismo, regulam as populações de espécies animais e mantêm o equilíbrio do ecossistema. As interações competitivas entre as espécies vegetais, nomeadamente para aceder à luz, à água e aos nutrientes, também influenciam a estrutura e a composição dos mangais. Além disso, processos ecológicos como a decomposição da matéria orgânica e a dinâmica dos nutrientes contribuem ativamente para a formação e evolução dos mangais na lagoa do Tadio. A decomposição do lixo vegetal e dos resíduos animais pelos microrganismos do solo liberta nutrientes que são essenciais para o crescimento e desenvolvimento das árvores de mangal. Além disso, as marés desempenham um papel crucial na dinâmica dos nutrientes, assegurando o seu transporte e redistribuição no ecossistema. Finalmente, é de salientar as interações entre os factores ecológicos e outros factores ambientais, tais como os factores geológicos e pedológicos, que influenciam conjuntamente a formação e o desenvolvimento dos mangais na lagoa do Tadio. O equilíbrio entre estes diferentes factores contribui para a criação de um ecossistema complexo e dinâmico, capaz de se adaptar às mudanças e de manter a sua resiliência face às perturbações.

2- Espécies de plantas presentes

2- 1- Espécies arbustivas

Os mangais da lagoa do Tadio são constituídos por diferentes tipos de árvores e plantas adaptadas a ambientes costeiros salgados e lodosos. Durante os nossos levantamentos, pudemos observar alguns deles, como o Rhizophora, que se caracteriza de uma forma diferente. As árvores deste género, como a Rhizophora mangle (mangue vermelho) e a Rhizophora racemosa (mangue branco), são as espécies dominantes nos mangais da lagoa do Tadio. Têm raízes aéreas chamadas "estacas" que lhes permitem elevar-se acima da água. As espécies Rhizophora são as mais comuns na lagoa do Tadio. No entanto, as suas raízes permitem que as espécies sobrevivam em ambientes regularmente inundados pelas marés. As estacas das raízes aéreas elevam-se acima do nível da maré, permitindo que a planta obtenha oxigénio diretamente do ar. Este aspeto é crucial, uma vez que os solos pantanosos em que crescem os mangais são frequentemente pobres em oxigénio. Esta adaptação permite igualmente à planta resistir às inundações frequentes provocadas pelas marés. As estacas das raízes aéreas permitem que a planta fique acima da água, reduzindo o risco de asfixia das raízes. Para além destas raízes aéreas, a planta tem também outras adaptações na sua evolução. Por exemplo, é capaz de filtrar o sal da água do mar através de glândulas nas suas folhas, o que lhe permite prosperar em ambientes salgados. A planta também é capaz de se reproduzir produzindo propágulos que podem flutuar na água e criar raízes quando chegam a um ambiente adequado. Há ainda as espécies de Avicennia, nomeadamente a Avicennia germinans (mangue-preto), também presente nos mangais da lagoa do Tadio. Estas espécies possuem raízes aéreas ligeiramente diferenciadas, denominadas "pneumatóforos", que contribuem para o fornecimento de oxigénio às raízes submersas. Para além destas espécies, existe ainda a Laguncularia racemosa, também conhecida como mangue branco, uma árvore tolerante ao sal que se encontra nos mangais da lagoa do Tadio. Distingue-se pelas suas folhas em forma de coração e pelas suas raízes aéreas pouco desenvolvidas. As lenticelas de Avicennia são pequenas estruturas em forma de poros nas raízes, no caule e, por vezes, até nas folhas. Estes poros permitem que as raízes absorvam o oxigénio do ar ambiente, mesmo que estejam parcialmente submersas. Esta adaptação é crucial para estas plantas, que se desenvolvem frequentemente em solos lamacentos e encharcados. As folhas grossas e ásperas da Avicennia são outra adaptação importante. Estas folhas reduzem a perda de água por evaporação, limitando a superfície exposta ao ar e criando uma barreira cuticular mais espessa. Isto permite à planta conservar a água e resistir ao stress hídrico. Estas adaptações fisiológicas e morfológicas permitem que a Avicennia sobreviva em ambientes difíceis onde outras plantas não conseguem desenvolver-se. Estas caraterísticas evolutivas são um exemplo da adaptabilidade das espécies a condições ambientais variáveis e da sua importância para a sobrevivência dos ecossistemas de mangais. O mangal branco (Laguncularia racemosa) é uma espécie de mangal muito difundida nas regiões costeiras da lagoa de Tadio, na Costa do Marfim. Esta planta arbustiva ou arborescente pode atingir 8 metros de altura e distingue-se pelas suas folhas ovais, coriáceas, verde-escuras na parte superior e brancas e aveludadas na parte inferior. Os mangais brancos estão adaptados a viver nas condições extremas dos mangais, onde têm de enfrentar grandes variações de salinidade, humidade e nível de água. Têm raízes aéreas chamadas pneumatóforos, que lhes permitem respirar em solos saturados de água. Estas árvores desempenham um papel essencial nos ecossistemas de mangais da lagoa de Tadio, na Costa do Marfim. Contribuem para a estabilização dos solos costeiros, protegem a costa contra a erosão e as tempestades, filtram a água e fornecem habitats para numerosas espécies vegetais e animais. Os mangais brancos são também inestimáveis para as comunidades locais que dependem dos recursos naturais da lagoa para a sua subsistência. Fornecem lenha, materiais de construção, frutos e medicamentos tradicionais. No entanto, os mangais brancos da lagoa do Tadio estão também ameaçados pela desflorestação, poluição e desenvolvimento costeiro. É, por isso, crucial pôr em prática medidas de conservação e de gestão sustentável para preservar estes ecossistemas únicos e a sua biodiversidade. O Conocarpus erectus, também conhecido como pau-botão, é um arbusto ou uma pequena árvore que se encontra nos mangais da lagoa do Tadio. Pode tolerar condições mais secas do que outros mangais e é frequentemente encontrado nas bordas dos mangais. O pau-botão desenvolveu adaptações fisiológicas e morfológicas que lhe permitem sobreviver em ambientes extremos, como as zonas húmidas e salinas dos mangais. Fisiologicamente, o pau-brasil é capaz de tolerar altas concentrações de sal no solo e na água circundante. Desenvolveu mecanismos de dessalinização, nomeadamente excretando sal através das folhas, retendo água para diluir o sal e filtrando o sal através das raízes. Morfologicamente, o pau-botão tem caraterísticas que o ajudam a suportar as condições adversas dos mangais. Por exemplo, as suas folhas são espessas, coriáceas e muitas vezes cobertas de pêlos, o que reduz a perda de água por evaporação e protege as células dos danos causados pelo sal. Além disso, as suas raízes aéreas, chamadas pneumatóforos, permitem-lhe adaptar-se ao baixo teor de oxigénio do solo dos mangais. Estas raízes crescem a partir da base da árvore e elevam-se acima do nível da água, criando uma rede de canais de ar que permite à árvore respirar. O pau-botão desempenha um papel importante nos ecossistemas dos mangais. As suas raízes ajudam a estabilizar o solo, evitando a erosão costeira. Também fornece abrigo e uma fonte de alimento para muitos animais, como pássaros, peixes e caranguejos. Os mangais da lagoa do Tadio são também o habitat da árvore Bruguiera, que se encontra regularmente no mangal litoral. Os ramos aéreos da Bruguiera desenvolvem raízes que se penduram no solo lamacento do mangue. Estas raízes aéreas, conhecidas como estacas, ajudam a planta a elevar-se acima da água salgada e lamacenta, permitindo que as suas folhas recebam luz suficiente para a fotossíntese. As raízes aéreas também fornecem suporte estrutural para a planta nas condições instáveis do mangue. As sementes de Bruguiera também germinam na árvore antes de caírem na água. Esta adaptação permite que as plantas jovens se enraízem imediatamente na lama, aumentando as suas hipóteses de sobrevivência. As sementes vivíparas também estão adaptadas à dispersão pela água, pois podem flutuar para áreas adequadas ao crescimento do mangue. Por fim, há a ostra. A ostra de mangal da lagoa do Tadio caracteriza-se pela sua tolerância à salinidade variável, o que lhe permite sobreviver em águas com condições variáveis. A sua concha robusta e irregular protege-a dos predadores e facilita a sua fixação às raízes dos mangais. Desempenha também um papel essencial na filtragem da água, melhorando a qualidade do ecossistema circundante. Contribui igualmente para a biodiversidade, sendo uma fonte de alimento para muitas espécies. Por último, a ostra tem uma importância económica para as comunidades locais que a colhem.

2- 2- Fetos nos mangais da lagoa do Tadio

Os mangais da lagoa do Tadio constituem um ecossistema único e rico em biodiversidade. Entre as numerosas espécies vegetais que aí crescem, encontram-se os fetos, que se adaptaram a este ambiente particular. Antes de mais, é preciso notar que os fetos são plantas vasculares caracterizadas pela ausência de flores e sementes. Reproduzem-se através de esporos, que estão contidos em estruturas chamadas esporângios. Os fetos são também conhecidos pela sua capacidade de crescer em condições difíceis, como solos pobres em nutrientes e zonas sombrias. Várias espécies de fetos podem ser encontradas nos manguezais da lagoa do Tadio. Uma das mais comuns é o feto espada, ou Nephrolepis biserrata. Este feto tem frondes em forma de espada que podem crescer até um metro de comprimento. Cresce frequentemente nas zonas mais altas do mangal, onde pode beneficiar de um pouco mais de luz solar. Outra espécie de feto que pode ser encontrada nos mangais da lagoa do Tadio é o feto de Boston, ou Nephrolepis exaltata. Esta samambaia tem frondes mais curtas e largas do que a samambaia espada, e muitas vezes cresce nas áreas mais sombreadas do mangue. É também conhecido pela sua capacidade de purificar o ar, absorvendo os poluentes. Para além destas duas espécies, podem também ser encontrados fetos mais raros nos mangais da lagoa do Tadio. Por exemplo, o feto de crista, ou Doryopteris concolor, é uma espécie caracterizada pelas suas frondes em crista. Cresce frequentemente nas zonas mais húmidas do mangal. Os fetos desempenham um papel importante no ecossistema dos mangais. Ajudam a manter a humidade do solo e a evitar a erosão. Constituem também um habitat e uma fonte de alimentação para muitas espécies animais, como insectos e aves. No entanto, os fetos estão também ameaçados pela atividade humana. A destruição do habitat dos mangais, a poluição da água e a sobre-exploração dos recursos naturais são factores que podem afetar a sobrevivência dos fetos nos mangais da lagoa do Tadio. Os mangais da lagoa do Tadio albergam uma grande variedade de fetos que se adaptaram a este ambiente particular.

Foto 1: Espécies de mangais na lagoa do Tadio

2- 3-Espécies herbáceas presentes nos mangais da lagoa do Tadio

As espécies herbáceas presentes na lagoa do Tadio, situada no sul da Costa do Marfim, são diversas e cada uma tem caraterísticas distintas que contribuem para a riqueza deste ecossistema. Estas espécies são diversificadas pelas suas caraterísticas. Em primeiro lugar, a erva-espartina (Spartina alterniflora) destaca-se pela sua capacidade de tolerar níveis elevados de salinidade e de inundação. Possui rizomas subterrâneos robustos que ajudam a estabilizar o solo e a reduzir a erosão. Esta espécie forma frequentemente colónias densas, criando habitats importantes para a vida selvagem local, incluindo aves e pequenos invertebrados. Em segundo lugar, o paspalum (Paspalum vaginatum) é conhecido pela sua tolerância à salinidade e pela sua capacidade de adaptação às variações do nível da água. As suas folhas são longas e finas, e cresce frequentemente em tufos densos. Esta gramínea desempenha um papel crucial na estabilização das margens e na filtragem dos nutrientes, contribuindo assim para a qualidade da água da lagoa. O Papyrus cyperus (Cyperus papyrus), ou papiro, é uma espécie emblemática das zonas húmidas. Caracteriza-se pelos seus caules triangulares e pelas suas inflorescências umbeladas. O papiro forma tapetes densos que servem de abrigo e de alimento a numerosas espécies aquáticas. Além disso, as suas raízes ajudam a filtrar e a purificar a água, melhorando a qualidade do ambiente aquático. A Eleocharys dulcis (Eleocharis dulcis), também conhecida como noz-amarela, destaca-se pelos seus caules cilíndricos e tubérculos comestíveis. Esta planta está bem adaptada aos meios alagados e contribui para a estabilização dos solos húmidos. Os tubérculos são também uma fonte de alimento para a fauna local e para as comunidades humanas. Por último, o capim-cana (Panicum repens) caracteriza-se pelos seus rizomas rastejantes e pelas suas folhas longas e estreitas. Esta gramínea é particularmente resistente à salinidade e ao stress hídrico. Desempenha um papel importante na prevenção da erosão do solo e constitui um habitat para insectos e pequenos animais. No entanto, estas espécies herbáceas da lagoa do Tadio são cruciais para a manutenção do equilíbrio ecológico desta zona húmida. Cada uma delas contribui de forma única para a estabilidade, a filtragem da água e a biodiversidade deste ecossistema costeiro.

3- Zonação das espécies

3- 1- Zona de maré alta

A zona de preia-mar nos mangais da lagoa do Tadio é uma área regularmente submersa pelas águas da preia-mar. Esta zona está sujeita a condições ambientais específicas, tais como níveis elevados de salinidade, forte exposição a ondas e correntes e baixa disponibilidade de oxigénio no solo. As espécies de mangais que crescem na zona de maré alta estão adaptadas a estas condições ambientais adversas. Os mangais vermelhos (Rhizophora mangle) são as espécies dominantes nesta zona, devido à sua capacidade de tolerar níveis elevados de salinidade e uma forte exposição às ondas e às correntes. Estas árvores têm raízes pernaltas e raízes pneumatóforas que lhes permitem fixar-se no solo e captar o oxigénio do ar. Os mangais vermelhos da zona de maré alta são geralmente mais pequenos e mais encorpados do que os que crescem nas zonas mais afastadas do mar. Este facto deve-se às condições ambientais mais adversas desta zona, que limitam o crescimento e a altura das árvores. As folhas dos mangais vermelhos desta zona são também mais espessas e mais resistentes do que as das árvores que crescem em zonas mais afastadas do mar, o que lhes permite resistir aos ventos fortes e à maresia. Para além dos mangais vermelhos, outras espécies de mangais podem também ser encontradas na zona de maré alta, embora sejam geralmente menos numerosas e menos dominantes. Os mangais negros (Avicennia germinans) e os mangais brancos (Laguncularia racemosa) são espécies que toleram níveis de salinidade ligeiramente inferiores aos dos mangais vermelhos, pelo que podem estar presentes na zona de maré alta. A zona de maré alta é uma área importante nos mangais da lagoa do Tadio, pois desempenha um papel fundamental na proteção da costa contra a erosão e as inundações. As raízes de palafitas e pneumatóforos dos mangais vermelhos desta zona ajudam a estabilizar o solo e a reduzir o impacto das ondas e das correntes. Além disso, os mangais desta zona constituem um habitat importante para muitas espécies animais, como caranguejos, peixes e aves.

A zona de preia-mar nos mangais da lagoa do Tadio é uma área sujeita a condições ambientais adversas, como elevados níveis de salinidade e forte exposição a ondas e correntes. As espécies dominantes nesta zona são os mangais vermelhos, que estão adaptados a estas condições e desempenham um papel fundamental na proteção da costa e no habitat das espécies animais. Outras espécies de mangais podem também estar presentes nesta zona, embora sejam geralmente menos numerosas e menos dominantes.

3- 2-Zona intermédia

A zona intermédia dos mangais da lagoa do Tadio é uma zona situada entre a zona de maré alta e a zona de maré baixa. Esta zona está sujeita a condições ambientais variáveis, uma vez que está regularmente submersa pelas águas da maré alta, mas também está exposta ao ar e ao sol durante a maré baixa. As espécies de mangais que crescem na zona intermédia estão adaptadas a estas condições ambientais variáveis. Os mangais vermelhos (Rhizophora mangle) estão sempre presentes nesta zona, mas são geralmente acompanhados por outras espécies de mangais, como os mangais pretos (Avicennia germinans) e os mangais brancos (Laguncularia racemosa). Estas espécies têm diferentes tolerâncias à salinidade e às inundações, o que lhes permite coexistir na zona intermédia.

Os mangais negros estão particularmente adaptados à zona intermédia, pois toleram níveis elevados de salinidade e de inundação. Têm raízes pneumatóforas que lhes permitem captar o oxigénio do ar e folhas grossas e resistentes que lhes permitem resistir a ventos fortes e à maresia. Os mangais brancos são mais tolerantes às inundações do que os mangais vermelhos, mas menos tolerantes à salinidade. As suas raízes são submersas, o que lhes permite fixar-se no solo e captar o oxigénio do ar. Na zona intermédia, a altura das árvores é geralmente mais elevada do que na zona de preia-mar, devido às condições ambientais mais favoráveis ao crescimento das árvores. No entanto, a altura das árvores pode variar consideravelmente consoante a espécie e a localização. Os mangais negros tendem a ser os mais altos, enquanto os mangais brancos são geralmente mais pequenos. As árvores perto da zona de maré alta tendem a ser mais pequenas e mais encorpadas do que as que se encontram perto da zona de maré baixa. Para além das espécies de mangais, a zona intermédia alberga também uma grande variedade de espécies animais, como caranguejos, peixes e aves. As raízes e os troncos das árvores constituem um habitat importante para estas espécies, bem como uma fonte de alimento. A zona intermédia dos mangais da lagoa do Tadio é uma área sujeita a alterações das condições ambientais, o que se reflecte na estrutura e na composição de espécies dos mangais. Os mangais vermelho, preto e branco estão todos presentes nesta zona, com diferentes tolerâncias à salinidade e às inundações. A altura das árvores varia consoante a espécie e a localização, e a zona intermédia alberga também uma grande variedade de espécies animais.

3- 3- Zona de maré baixa

A zona de baixa-mar nos mangais da lagoa do Tadio é uma área regularmente exposta ao ar e ao sol durante a maré baixa, mas também submersa pelas águas da maré alta. Esta área está sujeita a condições ambientais variáveis, tais como níveis de salinidade variáveis e períodos de inundação mais curtos do que na zona de maré alta. As espécies de mangais que crescem na zona de maré baixa estão adaptadas a estas condições ambientais variáveis. Os mangais vermelhos (Rhizophora mangle) estão sempre presentes nesta zona, mas são geralmente acompanhados por outras espécies de mangais, como os mangais brancos (Laguncularia racemosa) e os mangais de folhas redondas (Conocarpus erectus). Estas espécies têm diferentes tolerâncias à salinidade e às inundações, o que lhes permite coexistir na zona de baixa-mar. Os mangais brancos estão particularmente bem adaptados à zona de baixa-mar, pois toleram períodos de inundação mais curtos do que as outras espécies de mangais. As suas raízes em forma de estacas permitem-lhes fixar-se no solo e captar o oxigénio do ar. Os mangais de folhas redondas também estão adaptados à zona de baixa-mar, pois toleram níveis de salinidade mais elevados do que os mangais brancos. Têm folhas grossas e resistentes que lhes permitem resistir aos ventos fortes e à maresia. Na zona de maré baixa, a altura das árvores é geralmente mais elevada do que na zona de maré alta, devido às condições ambientais mais favoráveis ao crescimento das árvores. No entanto, a altura das árvores pode variar consideravelmente consoante a espécie e a localização. Os mangais brancos tendem a ser os mais altos, enquanto os mangais de folhas redondas são geralmente mais pequenos. As árvores perto da zona intermédia tendem a ser mais altas e mais corpulentas do que as que se encontram perto da zona de maré alta. Para além das espécies de mangais, a zona de baixa-mar alberga também uma grande variedade de espécies animais, como caranguejos, peixes e aves. As raízes e os troncos das árvores constituem um habitat importante para estas espécies, bem como uma fonte de alimento. A zona de baixa-mar nos mangais da lagoa do Tadio é uma área sujeita a condições ambientais variáveis, o que se reflecte na estrutura e composição de espécies dos mangais. Os mangais vermelhos, brancos e de folhas redondas estão todos presentes nesta zona, com diferentes tolerâncias à salinidade e à inundação. A altura das árvores varia consoante a espécie e a localização, e a zona de baixa-mar alberga também uma grande variedade de espécies animais.

II- Evolução da vegetação de mangue na lagoa do Tadio

1- A fauna associada aos mangais e a sua adaptação ao ambiente

1- Fauna associada aos mangais

1- 1- Avifauna e fauna aquática

A avifauna associada aos mangais da lagoa do Tadio é rica e diversificada, com muitas espécies de aves que utilizam este habitat para alimentação, reprodução e repouso. Os mangais oferecem uma variedade de habitats para as aves, incluindo bosques, pântanos e zonas intertidais. As aves associadas aos mangais da lagoa do Tadio estão frequentemente adaptadas à vida nas zonas húmidas e costeiras. Por exemplo, muitas espécies de aves desenvolveram pernas e bicos longos para se alimentarem em águas pouco profundas e lodaçais. Os mangais são também o lar de muitas espécies de aves ameaçadas e em perigo de extinção, incluindo garças, colhereiros e íbis. As espécies de aves mais comuns nos mangais da lagoa do Tadio incluem a garça-cinzenta (Ardea cinerea), o colhereiro (Platalea leucorodia), o guarda-rios africano (Halcyon senegalensis), a gaivota-de-cabeça-preta (Larus genei), a andorinha-do-mar-cáspio (Hydroprogne caspia) e a tarambola-de-nuca-larga (Charadrius alexandrinus). Os mangais são também um importante local de repouso para as aves migratórias, como o perna-vermelha (Tringa totanus) e o maçarico-de-bico-preto (Limosa limosa).

A fauna aquática associada aos mangais da lagoa do Tadio é também rica e diversificada, com muitas espécies de peixes, crustáceos e moluscos que utilizam este habitat para se alimentarem, reproduzirem e protegerem. Os mangais oferecem uma variedade de habitats para a fauna aquática, incluindo zonas pantanosas, zonas intertidais e zonas submersas de mangais. Os peixes associados aos mangais da lagoa do Tadio estão muitas vezes adaptados à vida nas águas pouco profundas e salobras dos mangais. Por exemplo, muitas espécies de peixes desenvolveram barbatanas peitorais alargadas para se deslocarem em águas pouco profundas, bem como órgãos especializados para regular o teor de sal nos seus corpos. As espécies de peixes mais comuns nos mangais da lagoa do Tadio incluem a tilápia (Oreochromis spp.), a tainha (Mugil spp.), a barracuda (Sphyraena spp.), o peixe-gato (Clarias spp.) e a carpa cabeçuda (Hypophthalmichthys nobilis). Os crustáceos associados aos mangais da lagoa do Tadio incluem espécies como camarões, caranguejos e lagostas. Os mangais constituem um habitat importante para os crustáceos, nomeadamente como local de reprodução e alimentação. As espécies de crustáceos mais comuns nos mangais da lagoa do Tadio incluem o camarão cinzento (Penaeus spp.), o camarão de antena longa (Macrobrachium spp.), o caranguejo violinista (Uca spp.) e o caranguejo da lama (Scylla serrata). Finalmente, os moluscos associados aos mangais da lagoa do Tadio incluem espécies como as ostras, os mexilhões e os caracóis marinhos. Os moluscos desempenham um papel importante no ecossistema dos mangais como filtradores e decompositores. As espécies de moluscos mais comuns nos mangais da lagoa do Tadio incluem a ostra do mangal (Crassostrea spp.), o mexilhão do mangal (Brachidontes spp.) e o caracol do mar (Littorina spp.). A avifauna e a fauna aquática associadas aos mangais da lagoa do Tadio são ricas e diversificadas, com muitas espécies que utilizam este habitat para alimentação, reprodução e proteção. Os mangais oferecem uma variedade de habitats para a vida selvagem, incluindo zonas arborizadas, zonas de sapal e zonas intertidais.

1- 2- Insectos, répteis e anfíbios

Os mangais da lagoa de Tadio, situados na costa ocidental da Costa do Marfim, constituem um ecossistema único e diversificado, que alberga uma grande variedade de espécies animais. Estas incluem insectos, répteis e anfíbios, que desempenham um papel importante na manutenção do equilíbrio ecológico do mangal. Os insectos são um dos grupos de fauna mais diversificados e importantes associados aos mangais da lagoa do Tadio. Eles incluem espécies como mosquitos, moscas, borboletas, libélulas e formigas. Os mosquitos e as moscas são muitas vezes considerados incómodos, mas desempenham um papel importante no ecossistema dos mangais como polinizadores e fonte de alimento para outros animais. As borboletas e as libélulas são importantes predadores de pequenos insectos e ajudam a regular as suas populações. As formigas são importantes decompositores, ajudando a decompor as folhas mortas e a matéria orgânica em nutrientes para as plantas. Os répteis são outro grupo importante da fauna associada aos mangais da lagoa do Tadio. As espécies mais comuns incluem cobras, lagartos e tartarugas. As cobras são predadores importantes de pequenos mamíferos, aves e peixes nos mangais. Os lagartos são também importantes predadores de pequenos insectos e ajudam a regular a sua população. As tartarugas são herbívoros importantes, alimentando-se de folhas e caules de mangue, ajudando a manter a estrutura e a saúde do mangue. Os anfíbios são um grupo menos diversificado nos mangais da lagoa do Tadio, mas desempenham, no entanto, um papel importante no ecossistema. As espécies mais comuns são as rãs e os sapos. As rãs são importantes predadores de pequenos insectos e ajudam a regular a sua população. Os sapos são também importantes predadores de pequenos insectos e vermes, ajudando a manter a saúde do solo do mangal. Os insectos, répteis e anfíbios associados aos mangais da lagoa do Tadio estão muitas vezes adaptados à vida nas zonas húmidas e costeiras. Por exemplo, muitas espécies de insectos desenvolveram asas e patas mais longas para se deslocarem em águas pouco profundas e lodaçais. Répteis como as cobras e os lagartos desenvolveram escamas e membranas para se protegerem da água salgada e dos predadores. Os anfíbios, como as rãs e os sapos, desenvolveram peles e pulmões especializados para sobreviverem em zonas húmidas e inundadas. No entanto, a fauna associada aos mangais da lagoa do Tadio está ameaçada por numerosas actividades humanas, incluindo a desflorestação, a poluição e as alterações climáticas. A desflorestação dos mangais para a agricultura, a urbanização e a aquicultura está a provocar a perda de habitat e a fragmentação da população animal. A poluição da água e do solo dos mangais por resíduos industriais e domésticos, fertilizantes e pesticidas pode provocar a morte e doenças nos animais. As alterações climáticas, nomeadamente a subida do nível do mar e tempestades mais frequentes e intensas, podem levar à perda de habitat e à perturbação do ecossistema dos mangais. Os insectos, répteis e anfíbios associados aos mangais da lagoa do Tadio constituem um grupo importante e diversificado da fauna animal, desempenhando um papel importante na manutenção do equilíbrio ecológico do mangal.

2- Relações ecológicas, competição e cooperação entre a fauna e os mangais

2- 1-Relações ecológicas entre a fauna e os mangais

Os mangais são ecossistemas únicos que são vitais para a saúde do nosso planeta. Situadas nas zonas de maré das regiões tropicais e subtropicais, estas florestas pantanosas salgadas albergam uma grande diversidade de espécies vegetais e animais, proporcionando simultaneamente numerosos benefícios ecológicos, económicos e sociais. Na Costa do Marfim, a lagoa de Tadio é um dos sítios mais importantes para os mangais, cobrindo mais de 4.000 hectares. Neste capítulo, vamos explorar as relações ecológicas entre a fauna e os mangais da lagoa de Tadio, concentrando-nos nos diferentes grupos de animais e na sua interação com o ecossistema dos mangais. Os mangais da lagoa do Tadio são constituídos por várias espécies de árvores e arbustos adaptados a condições ambientais difíceis, como solos salinos, inundações regulares e ventos fortes. A folhagem das espécies de mangais da lagoa do Tadio está, por conseguinte, especialmente adaptada para fazer face a estas condições e maximizar a sua sobrevivência e crescimento. As diferentes espécies de mangue têm caraterísticas foliares únicas que desempenham um papel importante no desenvolvimento da fauna associada. Os invertebrados são um grupo importante de animais associados aos mangais da lagoa do Tadio. As espécies mais comuns incluem caranguejos, camarões, moluscos e minhocas. Estes animais desempenham um papel importante no ecossistema dos mangais como decompositores, predadores e filtradores. Os caranguejos são um dos grupos de invertebrados mais importantes e visíveis nos mangais da lagoa do Tadio. São muitas vezes referidos como os "engenheiros do ecossistema" devido ao seu papel na modificação do habitat do mangal. Os caranguejos cavam tocas no solo dos mangais, o que contribui para o arejamento e a circulação da água no solo. Eles também se alimentam de folhas mortas e matéria orgânica, o que contribui para a decomposição e reciclagem de nutrientes no ecossistema. Os peixes são outro grupo importante de animais associados aos mangais da lagoa do Tadio. Os mangais constituem um habitat essencial para muitas espécies de peixes, nomeadamente como local de reprodução e alimentação. Os mangais também constituem um refúgio para os peixes devido à sua complexa estrutura de raízes e troncos, que oferece proteção contra predadores e condições ambientais extremas. Os peixes associados aos mangais da lagoa do Tadio estão muitas vezes adaptados à vida nas águas pouco profundas e salobras dos mangais. Por exemplo, muitas espécies de peixes desenvolveram barbatanas peitorais alargadas para se deslocarem em águas pouco profundas, bem como órgãos especializados para regular o teor de sal nos seus corpos. As aves são outro grupo importante de animais associados aos mangais da lagoa do Tadio. Os mangais oferecem uma variedade de habitats para as aves, incluindo bosques, pântanos e zonas intertidais. Os mangais também estão localizados ao longo de rotas migratórias, tornando-os um importante local de descanso para aves migratórias. As aves associadas aos mangais da lagoa do Tadio estão frequentemente adaptadas à vida nas zonas húmidas e costeiras. Por exemplo, muitas espécies de aves desenvolveram pernas e bicos longos para se alimentarem em águas pouco profundas e lodaçais. Os mangais são também o lar de muitas espécies de aves ameaçadas e em perigo de extinção, incluindo garças, colhereiros e íbis. Os répteis e anfíbios são grupos de animais menos diversificados nos mangais da lagoa do Tadio, mas desempenham, no entanto, um papel importante no ecossistema. As espécies mais comuns são as cobras, os lagartos, as tartarugas e as rãs. Os répteis e anfíbios estão muitas vezes adaptados à vida nas zonas húmidas e costeiras, com peles e pulmões especializados para sobreviver em áreas inundadas. Os répteis e anfíbios são importantes predadores de pequenos insectos, vermes e crustáceos nos mangais, ajudando a regular as suas populações. Por fim, os mamíferos são um grupo de animais menos comum nos manguezais da Lagoa do Tadio, mas ainda assim estão presentes. As espécies mais comuns são os macacos, os ratos e os morcegos. Os mamíferos são muitas vezes adaptados à vida em áreas de floresta e pântano, com pernas e caudas especializadas para se deslocarem em áreas inundadas. Os mamíferos são importantes predadores de pequenos animais nos mangais, ajudando a regular as suas populações. As relações ecológicas entre a fauna e os mangais da lagoa do Tadio são complexas e interdependentes. Diferentes grupos de animais têm papéis importantes a desempenhar no ecossistema dos mangais, como decompositores, predadores, filtradores e engenheiros do ecossistema. Os mangais oferecem uma variedade de habitats para os animais, incluindo áreas arborizadas, áreas de pântano e zonas intertidais. Os animais associados aos mangais da lagoa do Tadio estão frequentemente adaptados à vida nas zonas húmidas e costeiras, com caraterísticas físicas e comportamentais únicas para maximizar a sua sobrevivência e crescimento.

2- 2- Competição e cooperação entre a vida selvagem e os mangais

Os mangais são ecossistemas complexos e dinâmicos, onde as relações entre a flora e a fauna são múltiplas e variadas. Na lagoa do Tadio, os mangais albergam uma grande variedade de espécies animais, que interagem de diferentes formas com as plantas que os rodeiam. A competição é uma relação ecológica em que duas ou mais espécies competem pelo mesmo recurso limitado. Nos mangais da lagoa do Tadio, a competição por espaço e nutrientes é comum entre diferentes espécies de plantas e animais. Por exemplo, caranguejos e camarões podem competir por espaço e recursos alimentares nos buracos e fendas das raízes dos mangais. Peixes e moluscos também podem competir por espaço e nutrientes em zonas de sapal e entremarés. No entanto, a competição nem sempre é prejudicial para as espécies envolvidas. Em alguns casos, a competição pode levar à especialização e diversificação das espécies, o que pode aumentar a biodiversidade e a produtividade biológica do ecossistema. Por exemplo, as diferentes espécies de mangais nos mangais da lagoa do Tadio têm diferentes estratégias de crescimento e reprodução, o que lhes permite coexistir e especializar-se em diferentes nichos ecológicos. Além disso, a cooperação é uma relação ecológica em que duas ou mais espécies interagem de forma mutuamente benéfica. Nos mangais da lagoa do Tadio, a cooperação entre a fauna e as plantas é comum e essencial para a manutenção do ecossistema. Por exemplo, os caranguejos e camarões desempenham um papel importante na decomposição e reciclagem de nutrientes nos mangais, alimentando-se de folhas mortas e matéria orgânica. Os excrementos dos caranguejos e camarões são também ricos em nutrientes, que podem beneficiar as plantas circundantes. As aves e os morcegos são também parceiros importantes para os mangais da lagoa do Tadio. As aves e os morcegos alimentam-se dos frutos e das sementes das várias espécies de mangais, o que contribui para a dispersão das sementes e para a regeneração dos mangais. Os excrementos das aves e dos morcegos são também ricos em nutrientes, que podem beneficiar as plantas circundantes. Finalmente, as relações de cooperação entre a vida selvagem e os mangais na lagoa do Tadio podem também envolver interações mais complexas e subtis. Por exemplo, as raízes dos mangais fornecem um habitat e fonte de alimento para muitas espécies de bactérias e fungos, que por sua vez podem ajudar as plantas a absorver nutrientes e resistir a doenças. Animais como minhocas e térmitas também podem desempenhar um papel importante na decomposição e reciclagem de nutrientes nos mangais, interagindo com bactérias e fungos no solo. Em suma, as relações de competição e cooperação entre a fauna e os mangais na lagoa do Tadio são complexas e interdependentes. Diferentes grupos de animais desempenham papéis importantes no ecossistema dos mangais, como decompositores, predadores, filtradores, polinizadores e dispersores de sementes. As relações de competição podem levar à especialização e diversificação das espécies, o que pode aumentar a biodiversidade e a produtividade biológica do ecossistema. As relações de cooperação são essenciais para a manutenção do ecossistema dos mangais, nomeadamente para a decomposição e reciclagem de nutrientes, a dispersão de sementes e a resistência a doenças.

3- Dinâmica dos mangais da lagoa de Tadio (sul da Costa do Marfim)

3- 1- Índice de vegetação dos mangais da lagoa do Tadio

O NDVI, um índice normalmente utilizado para quantificar a vegetação numa área específica, é calculado a partir de imagens de satélite, comparando a reflectância dos espectros do infravermelho próximo e do vermelho. Este índice varia entre -1 e 1: valores elevados indicam vegetação densa e saudável, enquanto valores próximos de 0 indicam solo nu ou água, e valores negativos podem indicar superfícies artificiais.

✓ O índice de vegetação de 1990

O mapa do Índice de Vegetação por Diferença Normalizada (NDVI) para 1990, com valores que oscilam entre -0,296296 e 0,52459, revela informações valiosas sobre o estado do coberto vegetal nessa altura. Em primeiro lugar, a observação das zonas vermelhas, que representam os valores mais baixos de NDVI, evidencia um coberto vegetal muito baixo ou mesmo inexistente. Estes valores negativos ou quase nulos podem estar associados a superfícies nuas, a solos degradados ou a zonas desprovidas de vegetação densa. Além disso, estas regiões podem corresponder a massas de água, superfícies impermeáveis ou zonas sujeitas a uma desflorestação acentuada. Em seguida, as zonas verdes, correspondentes a valores elevados de NDVI, reflectem uma vegetação mais densa e saudável. Com valores tão elevados como 0,52459, estas zonas indicam a presença de um coberto vegetal significativo, como florestas, zonas húmidas ricas em biodiversidade ou terrenos agrícolas bem geridos. Consequentemente, estas zonas demonstram uma vitalidade ecológica significativa, o que sugere condições ambientais favoráveis, uma gestão mais sustentável das terras ou menos perturbações humanas. Por outro lado, é crucial notar que as zonas intermédias, apresentadas a laranja ou amarelo, indicam valores moderados de NDVI, que podem refletir vegetação esparsa ou em regeneração. Estas variações intermédias são frequentemente caraterísticas de savanas, prados ou terras em transição ecológica. O mapa NDVI de 1990 mostra uma disparidade significativa na distribuição da vegetação. As zonas de baixo índice evidenciam desafios ambientais, como a desflorestação ou a degradação dos solos, enquanto as zonas de índice elevado revelam bolsas de vegetação densa e saudável. Este mapa é, portanto, uma ferramenta essencial para compreender o estado inicial da vegetação e para orientar as estratégias de conservação e restauração nos anos seguintes.

Mapa 2: NDVI (Índice de Vegetação por Diferença Normalizada) 1990

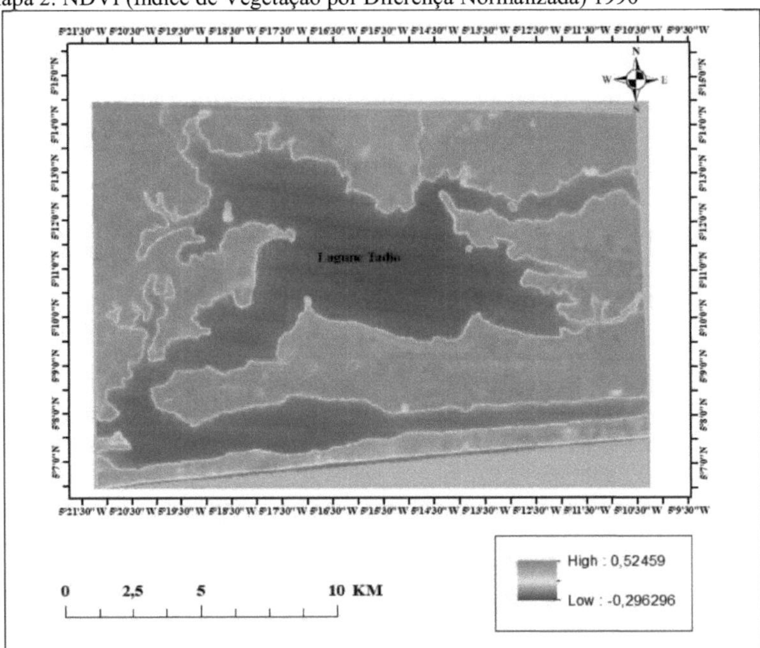

Fonte: landsat 4-5 ETM/ Produção: Kouadio Romaric 2022

✓ O índice de vegetação de 2000

O mapa de NDVI para o ano 2000, com valores entre -0,0592605 e 0,0281647, ilustra uma situação preocupante no que respeita à vegetação da região estudada. Desde logo, é de salientar que os valores deste índice são extremamente baixos, revelando uma densidade vegetal muito baixa em toda a área representada. Esta baixa amplitude de valores revela um ecossistema em dificuldade, marcado por uma degradação significativa do coberto vegetal. Em primeiro lugar, os valores negativos, próximos de -0,0592605, aparecem nas zonas vermelhas. Isto indica a presença de zonas desprovidas de vegetação densa, tais como solos nus, terrenos degradados ou zonas onde a vegetação foi completamente eliminada. É também possível que estas zonas incluam massas de água ou espaços artificiais onde a vegetação natural foi em grande parte substituída ou eliminada. De seguida, os valores positivos, que atingem um máximo de apenas 0,0281647, são representados por tons de verde claro. Isto reflecte a presença de uma vegetação extremamente esparsa e de baixo vigor. Estes valores, muito abaixo dos limiares observados para uma vegetação saudável, sugerem condições ecológicas desfavoráveis, tais como solos pobres, gestão inadequada das terras ou impactos climáticos negativos que conduziram a uma baixa produtividade biológica. Além disso, é importante notar que as zonas intermédias, normalmente indicativas de transições entre diferentes ecossistemas, estão praticamente ausentes neste caso. Isto reflecte uma paisagem uniformemente afetada pela degradação generalizada, sem zonas de transição significativas para uma vegetação mais densa ou mais vigorosa. Por outras palavras, o mapa mostra uma preocupante homogeneidade, caracterizada por uma densidade muito baixa de cobertura vegetal.

Mapa 3: NDVI (Índice de Vegetação por Diferença Normalizada) 2000

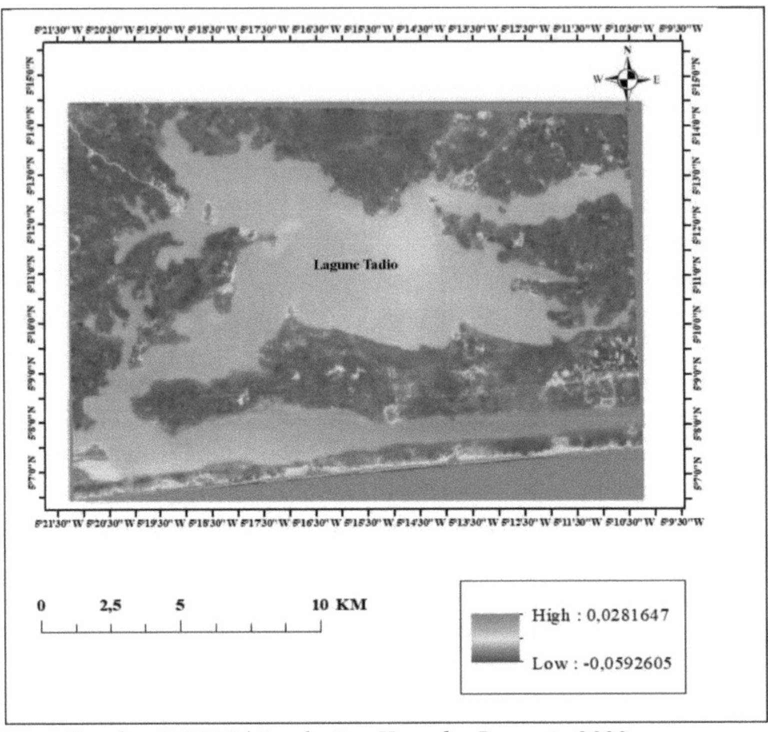

Fonte: Landsat 7 ETM / Produção: Kouadio Romaric 2022

✓ O índice de vegetação de 2022

O mapa de NDVI para o ano de 2022, que mostra uma variação do índice entre -0,124986 e 0,144589, fornece uma visão geral da dinâmica recente da vegetação na região estudada. Em primeiro lugar, é importante notar que os valores do índice permanecem relativamente baixos, embora mais elevados do que os observados em 2000. Este facto sugere uma ligeira melhoria do coberto vegetal, mas também que os ecossistemas ainda não voltaram a ser saudáveis. Em primeiro lugar, os valores negativos do índice, que oscilam em torno de -0,124986, aparecem a vermelho. Estes valores indicam zonas onde a vegetação está ausente ou muito degradada. Estas zonas podem corresponder a solos nus, a terrenos fortemente erodidos ou a superfícies artificiais, como infra-estruturas humanas. Além disso, a persistência destes valores negativos reflecte a incapacidade de regeneração destas áreas, sublinhando a necessidade de medidas de reabilitação ecológica. Os valores positivos, até 0,144589, são representados por tons de verde. Esta melhoria em relação a 2000 mostra que algumas zonas registaram uma regeneração da vegetação, embora ainda modesta. Estas zonas de vegetação mais densa podem corresponder a florestas secundárias, zonas húmidas recuperadas ou zonas agrícolas onde foram implementadas práticas de gestão sustentáveis. É também possível que estas melhorias se devam a intervenções humanas, como a reflorestação ou a aplicação de medidas de conservação. Por outro lado, os valores intermédios, que vão do amarelo ao laranja, indicam áreas de transição onde a vegetação está presente mas ainda é fraca. Estas zonas podem representar terrenos em recuperação, onde a regeneração natural progride lentamente, ou paisagens semi-naturais onde o impacto humano ainda é percetível. Estes valores reflectem, portanto, um ecossistema em recuperação, mas que continua vulnerável às perturbações ambientais. Em suma, a análise deste mapa NDVI para 2022 revela uma situação ambiental ligeiramente melhorada em relação a 2000, embora subsistam desafios. A presença contínua de zonas com vegetação esparsa sublinha a fragilidade ecológica da região, enquanto os progressos modestos observados em algumas partes indicam uma possível resiliência se forem mantidas ou reforçadas medidas adequadas. Em suma, este mapa é uma ferramenta valiosa para avaliar os esforços de recuperação empreendidos e para orientar futuras estratégias de gestão sustentável das terras.

Mapa 4: NDVI (Índice de Vegetação por Diferença Normalizada) 2022

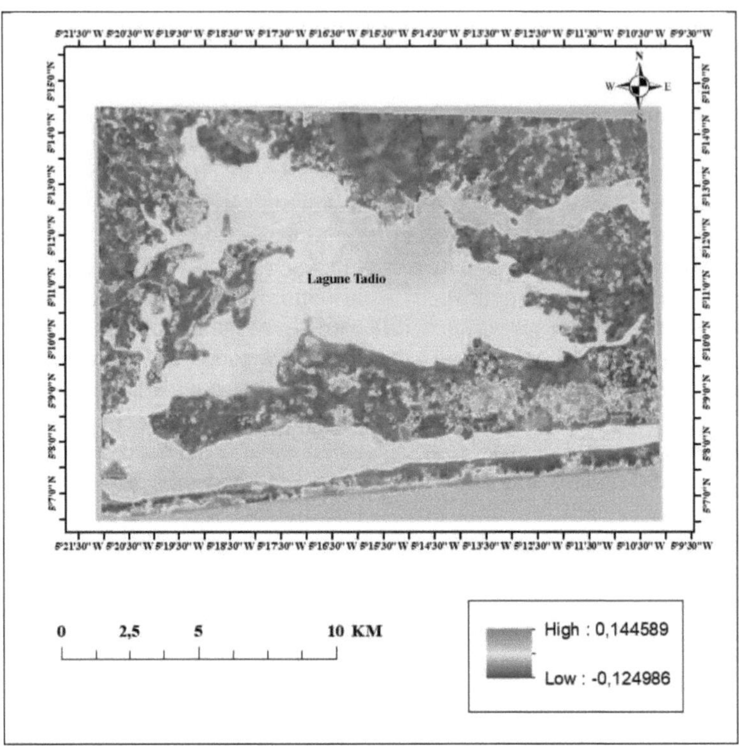

Fonte: Landsat 8 OLI / Produção: Kouadio Romaric 2022

3- 2- Dinâmica dos mangais na lagoa do Tadio de 1990 a 2022

Uma análise comparativa da ocupação do solo entre 1990, 2000 e 2022 na região lagunar do Tadio revela dinâmicas significativas que testemunham as transformações ambientais e humanas desta zona.

✓ Dinâmica da vegetação nas proximidades da lagoa do Tadio em 1990

Relativamente à vegetação de 1990, verifica-se que as florestas densas têm a maior proporção de terra. Isto sugere que a área de estudo tinha uma cobertura florestal relativamente elevada durante este período, o que pode ser benéfico para a biodiversidade e a conservação dos ecossistemas. Em segundo lugar, temos as florestas degradadas, bem como as culturas e os pousios, que representam uma pequena proporção da área durante este ano. Isto reflecte o baixo nível de atividade humana na área nesta altura, quando as pessoas ainda não começaram a mostrar muito interesse em actividades como a agricultura e outros projectos de degradação ambiental. Por outro lado, os solos nus ou as habitações representam uma grande parte da superfície, o que indica uma certa pressão humana sobre o ambiente. Por fim, observámos um crescimento evolutivo dos mangais em relação a outros anos.

Mapa 5: Dinâmica da vegetação do perímetro da lagoa do Tadio 1990

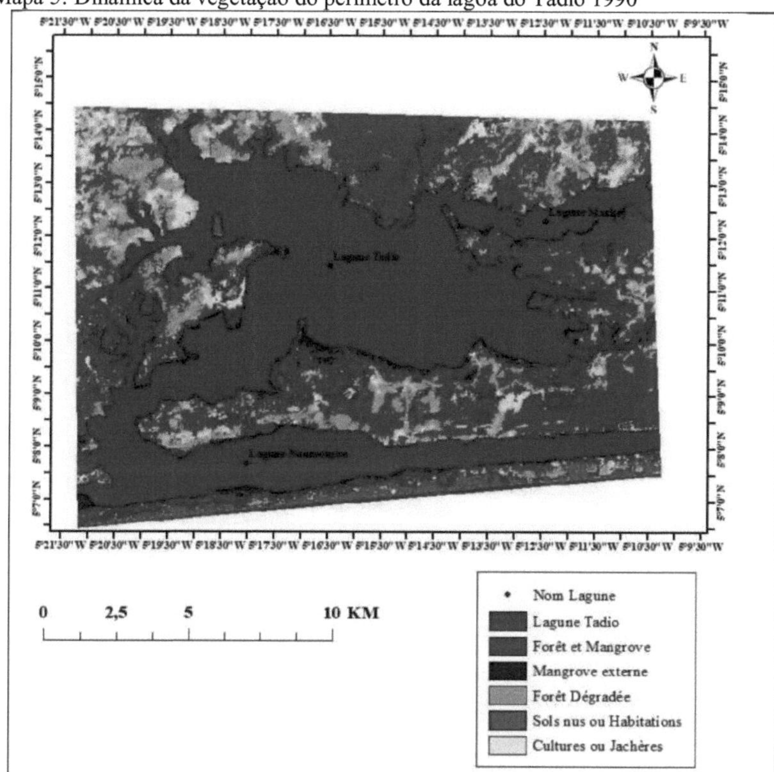

Fonte: landsat 4-5 ETM / Produção: Kouadio Romaric 2022

- ✓ **Dinâmica da vegetação nas proximidades da lagoa do Tadio em 1990**

O ano 2000 registou uma degradação ligeiramente acelerada da vegetação.

Durante este ano, observámos uma floresta densa que começava a degradar-se, dando lugar a uma floresta degradada, a uma grande área de culturas ou pousios e a uma grande área de solo nu ou de habitações. É de salientar que esta degradação do coberto vegetal se reflecte no elevado nível de ocupação da área pela população. Assim, durante este período, as pessoas começam a dedicar-se um pouco mais à agricultura, ao contrário do que acontecia em anos anteriores. No que diz respeito à dinâmica dos mangais durante este ano, é de notar uma alteração média em relação ao ano anterior. É certo que a vegetação está a deteriorar-se, dando lugar a uma floresta degradada, mas há uma dinâmica do mangal um pouco mais notável, que sugere várias razões para a sua evolução.

Mapa 6: Dinâmica da vegetação do perímetro da lagoa Tadio 2000

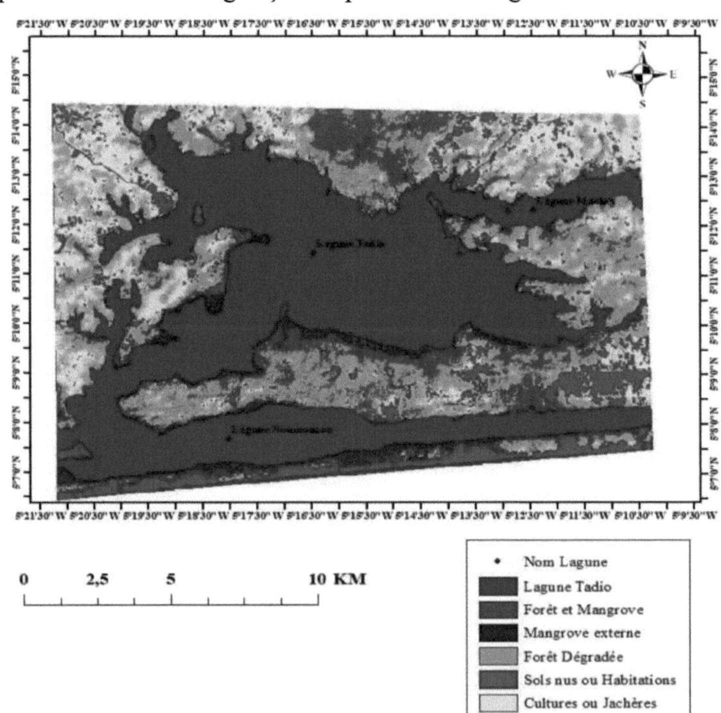

Fonte: Landsat 7 ETM/ Produção: Kouadio Romaric 2022

- ✓ **Dinâmica da vegetação nas proximidades da lagoa do Tadio em 1990**

A imagem de 2022 analisada mostra-nos uma dinâmica média do coberto vegetal para o perímetro da lagoa do Tadio. Nos últimos anos, temos assistido a uma alteração acelerada do coberto vegetal da nossa área de estudo. Temos uma floresta com uma superfície reduzida. Obviamente, esta pequena superfície reflecte-se numa grande superfície de floresta degradada, bem como de terras de cultivo e pousios. Para além destas grandes superfícies, existe uma quantidade notável de terra nua ou de habitações na zona. É também de salientar que um período de pousio pode ser o resultado da regeneração natural do solo, da rotação de culturas ou do restabelecimento da biodiversidade. Estes processos contribuem para manter a fertilidade dos solos, favorecer o crescimento das plantas e restabelecer o equilíbrio dos ecossistemas locais. Esta situação explica a transformação de zonas de solo nu em zonas de culturas ou de pousio. No entanto, observa-se uma forte dinâmica dos mangais durante este período, que pode ser explicada pela sua adaptação às condições ambientais específicas, pelo seu papel de proteção natural contra a degradação e pelos seus efeitos positivos na biodiversidade local.

Mapa 7: Dinâmica da vegetação do perímetro da lagoa Tadio 2022

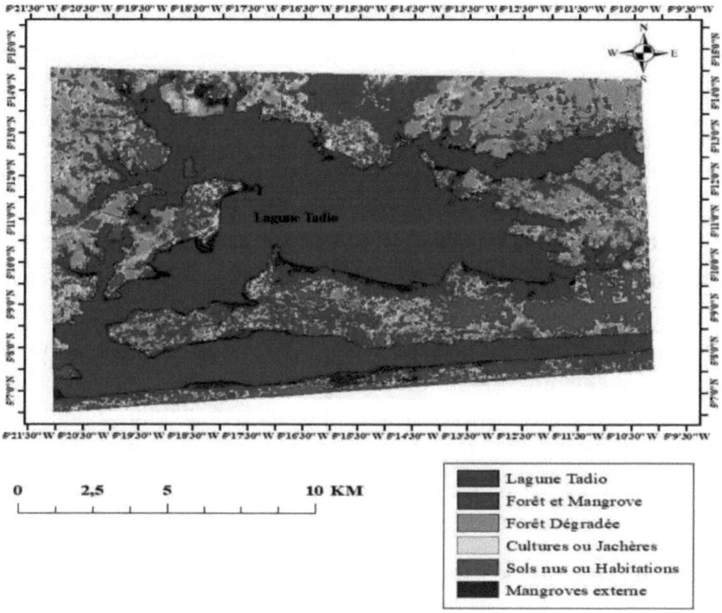

Fonte: Landsat 8 Oli/ Produção: Kouadio Romaric 2022

3-3- Estatísticas e proporção do uso do solo e dinâmica dos mangais externos de 1990 a 2022

O quadro estatístico da ocupação do solo entre 1990 e 2022 evidencia alterações significativas na distribuição das diferentes categorias de ocupação do solo. [2]Em primeiro lugar, em 1990, a categoria "Água" ocupava 40% da superfície total, seguida da categoria "Mangue e floresta" com 39%, ou seja, 107 km. Estas duas categorias são dominantes, representando 79% da superfície. No entanto, outras categorias como "Mangue externo" (3%), "Solo nu ou habitações" (5%) e "Culturas ou pousios" (5%) ocupam áreas muito mais pequenas. A "Floresta degradada", com 8%, já indica uma pressão humana significativa.

Em 2000, a superfície da categoria "Água" aumentou para 42%, enquanto a categoria "Mangue externo" passou de 3% para 5%. No entanto, a categoria "Mangue e floresta" diminuiu drasticamente para apenas 13%, uma evolução preocupante provavelmente ligada à desflorestação e à urbanização. Em contrapartida, "Solo nu ou habitações" e "Culturas ou pousios" aumentam para 10% e 12%, respetivamente, ilustrando a crescente urbanização e expansão agrícola. A "Floresta degradada" quase duplica a sua quota-parte para 18%, um indicador preocupante do aumento da degradação florestal.

Finalmente, em 2022, a proporção da categoria "Água" mantém-se estável em 41%, enquanto a categoria "Mangue externo" diminui ligeiramente para 4%. Por outro lado, a categoria "Mangue e floresta" registará uma recuperação significativa, passando para 22%, o que pode ser atribuído a iniciativas de reflorestação ou conservação. Os "Solos nus ou habitações" continuam a aumentar, para 13%, o que revela uma pressão demográfica sustentada. No entanto, "Culturas ou pousios" baixou para 8%, o que sugere uma mudança nas actividades agrícolas. Por último, a "Floresta degradada" desceu para 12%, talvez indicando esforços de recuperação, embora a situação continue a ser preocupante para a gestão sustentável dos recursos naturais.

Em resumo, uma análise das proporções entre 1990 e 2022 revela uma dinâmica complexa em que certas categorias naturais, como as massas de água e as florestas, permanecem dominantes apesar das crescentes pressões antropogénicas, enquanto a urbanização e a degradação dos solos continuam a transformar a paisagem local.

Quadro 1: Estatísticas de utilização dos solos de 1990 a 2022

	1990		*2000*		*2022*	
Superfície	***Percentagem***	***Área de superfície KM2***	***Percentagem***	***Área de superfície KM2***	***Percentagem***	***Área de superfície KM2***
Água	*40%*	*109*	*42%*	*114*	*41%*	*113*
Mangue exterior	*3%*	*7*	*5%*	*13*	*4%*	*8*
Mangue e floresta	*39%*	*107*	*13%*	*36*	*22%*	*60*
Chão nu ou casas	*5%*	*13*	*10%*	*28*	*13%*	*37*
Culturas ou pousios	*5%*	*14*	*12%*	*34*	*8%*	*22*
Floresta degradada	*8%*	*22*	*18%*	*50*	*12%*	*34*
Total	*100%*	*273*	*100%*	*273*	*100%*	*273*

III- A importância dos mangais no contexto das alterações climáticas

1- Os mangais como sumidouros de carbono e redução da erosão costeira

1- 1- Os mangais como sumidouros de carbono

O ciclo do carbono nos mangais da lagoa do Tadio é um processo ecológico complexo, que integra a troca, o armazenamento e a transformação do carbono entre a atmosfera, a vegetação, o solo e a água. Como ecossistemas costeiros produtivos, os mangais desempenham um papel ativo no sequestro e armazenamento de carbono, contribuindo para o ciclo global do carbono. Em primeiro lugar, a fotossíntese permite que plantas como os mangais absorvam o dióxido de carbono da atmosfera e o transformem em matéria orgânica. Esta matéria orgânica é depois utilizada para o crescimento das plantas e para a respiração celular, o que liberta novamente CO2 para a atmosfera. Uma parte desta matéria orgânica é também transmitida a outros elementos do ecossistema, nomeadamente através das folhas e dos ramos que caem no solo, onde a sua decomposição liberta CO2 e enriquece o solo com húmus. As raízes também desempenham um papel no ciclo do carbono ao libertarem compostos orgânicos dissolvidos na água, alimentando os microrganismos aquáticos e apoiando a biodiversidade da lagoa.

O que distingue particularmente o ciclo do carbono nos mangais da lagoa do Tadio é a sua capacidade de sequestrar carbono a longo prazo. Os solos dos mangais, ricos em matéria orgânica, retêm este carbono durante milhares de anos, graças às condições anóxicas criadas pelas inundações regulares. No entanto, várias perturbações, tanto naturais como provocadas pelo homem, comprometem esta capacidade de armazenamento. Os fenómenos naturais, como as tempestades, podem provocar a erosão dos mangais e libertar o carbono acumulado. Do mesmo modo, as actividades humanas, incluindo a desflorestação e a poluição, alteram os processos ecológicos, reduzindo a resiliência deste ecossistema essencial.

1- 2- Papel dos mangais na redução da erosão costeira

Os mangais, essenciais para a preservação das linhas costeiras, estabilizam os solos e reduzem a erosão através de vários mecanismos. Em primeiro lugar, as suas raízes robustas fixam-se profundamente no solo, criando uma rede densa que oferece resistência às ondas e às tempestades. À medida que crescem, estas raízes consolidam o substrato e favorecem a formação de agregados de partículas através da secreção de substâncias orgânicas, reforçadas pela ação dos microrganismos. Também abrandam as correntes, reduzindo o seu poder erosivo e facilitando a sedimentação. Além disso, as folhas e os ramos dos mangais, ao se decomporem, formam uma camada orgânica que retém os sedimentos e enriquece o solo. Ao reduzir a força das ondas e ao criar um ambiente favorável à biodiversidade, esta estrutura participa ativamente no alargamento da linha de costa. Do mesmo modo, na lagoa do Tadio, os mangais atenuam a energia das ondas criando uma barreira natural e favorecem a acumulação de sedimentos que estabilizam as margens. Por fim, a interação entre estes processos contribui não só para consolidar a linha de costa mas também para a alargar, confirmando a importância crucial da proteção destes ecossistemas para assegurar a resiliência costeira e a sustentabilidade ambiental.

1- 3- Reciclagem de nutrientes dos mangais da lagoa do Tadio

Devido à sua biodiversidade e aos processos biológicos que aí se desenrolam, os mangais da lagoa do Tadio asseguram uma reciclagem óptima dos nutrientes, indispensável à sua produtividade. Em primeiro lugar, a decomposição da matéria orgânica é facilitada por bactérias, fungos e invertebrados detritívoros, que transformam esta matéria em moléculas simples, seguindo-se a sua mineralização em elementos inorgânicos. Esta libertação de nutrientes favorece o crescimento das plantas e o dinamismo do ecossistema. As condições ambientais específicas dos mangais, como a alternância das marés e a salinidade, também influenciam a eficácia destes processos, embora uma acumulação excessiva possa conduzir à eutrofização ou à acidificação, prejudiciais à biodiversidade.

Além disso, as bactérias, os fungos e os invertebrados desempenham um papel fundamental na decomposição dos nutrientes, tornando-os disponíveis para outros organismos. As bactérias, por exemplo, transformam a matéria em moléculas assimiláveis, enquanto os fungos decompõem a matéria mais resistente, como a lenhina. Os invertebrados, ao decomporem a matéria, aceleram o processo de decomposição.

A fixação biológica de azoto e fósforo por bactérias e microrganismos que interagem com as plantas também contribui para a reciclagem de nutrientes e para a produtividade do ecossistema. Este processo permite às plantas compensar a baixa disponibilidade destes elementos no ambiente, aumentando assim o seu crescimento.

Por último, o azoto, o fósforo e outros nutrientes essenciais (potássio, cálcio, magnésio, etc.) provenientes de diversas fontes (água, sedimentos, actividades humanas) asseguram a produtividade dos mangais. Transformados por processos geoquímicos e biológicos, estes elementos alimentam as plantas e os organismos e contribuem para as funções ecológicas do ecossistema. Graças ao seu papel na fotossíntese, na respiração e noutros processos, estes nutrientes asseguram a resiliência e a preservação da biodiversidade dos mangais da lagoa do Tadio.

2- Estado de saúde dos mangais da lagoa do Tadio

2- 1- Saúde sazonal dos mangais

Os mangais da lagoa do Tadio são ecossistemas ecologicamente importantes, sujeitos a variações sazonais que influenciam o seu estado de saúde de formas distintas consoante a estação do ano. Durante a estação das chuvas, o aumento da pluviosidade altera o abastecimento de água doce e salgada, afectando a salinidade e favorecendo o crescimento de certas espécies de mangais. Essa precipitação também fornece nutrientes essenciais, embora em excesso possa levar à proliferação de plantas invasoras. Além disso, as condições de precipitação favorecem a reprodução e a regeneração natural dos mangais, reforçando a sua resiliência.

Durante a estação seca, por outro lado, a redução da pluviosidade limita o fornecimento de água e de nutrientes disponíveis, aumentando a salinidade e colocando constrangimentos osmóticos e de dessecação. Algumas espécies desenvolvem então estratégias de adaptação, como a simbiose micorrízica, para compensar a baixa disponibilidade de nutrientes e conservar a água e os nutrientes a fim de manter um certo nível de atividade.

As estações intermédias, entre os períodos de chuva e de seca, são caracterizadas por precipitações moderadas que provocam flutuações na salinidade e nos níveis de água, influenciando a estabilidade do solo e a oxigenação das raízes. A disponibilidade de nutrientes depende dos ciclos biogeoquímicos, e as espécies adoptam calendários biológicos ajustados para se reproduzirem e regenerarem durante esta transição.

Em suma, cada estação afecta o crescimento, a produtividade e a resiliência dos mangais de uma forma única. É essencial incorporar estas variações sazonais nas estratégias de conservação e gestão sustentável destes ecossistemas.

2- 2- Doenças e pragas dos mangais da lagoa do Tadio

Os mangais da lagoa do Tadio, que são ecossistemas costeiros ecologicamente importantes, são vulneráveis a várias doenças. Em primeiro lugar, as doenças bacterianas, tais como a podridão radicular causada por bactérias Vibrio e a galha bacteriana causada por Pseudomonas, afectam a produtividade e a saúde das plantas. Para combater estas infecções, é necessária uma gestão integrada baseada na qualidade da água, na biodiversidade e na redução da perturbação humana.

Por outro lado, as doenças virais, embora menos frequentes, causam danos significativos, como é o caso do vírus do mosaico amarelo, que limita o crescimento das folhas. A sua propagação pode ser travada através do controlo dos vectores e da utilização de tratamentos biológicos adequados. As doenças parasitárias, causadas por nemátodos, insectos ou crustáceos, enfraquecem as raízes e as folhas dos mangais, aumentando a sua vulnerabilidade. Por último, as doenças não infecciosas, causadas por factores ambientais como a seca ou a poluição, conduzem ao stress hídrico e à mortalidade das plantas. A gestão das causas subjacentes e o controlo da qualidade da água e do solo são, por conseguinte, essenciais para limitar o seu impacto.

Quanto às pragas, os crustáceos e os moluscos também causam danos ao alimentarem-se dos tecidos vegetais. Os caranguejos, por exemplo, danificam as folhas e as raízes, enquanto certos gastrópodes reduzem a fotossíntese destruindo as folhas e as sementes. Face a estas perturbações, uma estratégia de prevenção e de proteção dos mangais é essencial para a sua conservação sustentável.

3- Interações entre doenças, pragas e factores de stress ambiental

3- 1-Efeitos sinérgicos de doenças, pragas e outros factores

Os mangais da lagoa do Tadio estão expostos a vários factores de stress ambiental, bem como a doenças e pragas, que podem afetar a sua saúde e produtividade. Os efeitos sinérgicos destes factores de stress podem ter consequências graves para a saúde dos mangais e do ecossistema como um todo. Os factores de stress ambiental, como a poluição, a salinidade, as tempestades e as inundações, podem enfraquecer os mangais e torná-los mais vulneráveis a doenças e pragas. Por exemplo, a poluição da água e do solo pode reduzir a disponibilidade de nutrientes e afetar o crescimento dos mangais, tornando-os mais susceptíveis a ataques de pragas e infecções por agentes patogénicos. As doenças e as pragas também podem interagir para causar maiores danos aos mangais. As plantas enfraquecidas por doenças podem ser mais vulneráveis a ataques de pragas e, inversamente, os danos causados por pragas podem facilitar a infeção por agentes patogénicos. Por exemplo, os caranguejos dos mangais podem danificar a casca e as folhas dos mangais, o que pode facilitar a infeção por fungos ou bactérias patogénicos. Os efeitos sinérgicos de doenças, pragas e factores de stress ambiental podem ter consequências graves para a saúde dos mangais na lagoa do Tadio. Os danos às plantas podem reduzir o seu crescimento, reprodução e capacidade de armazenar carbono, o que pode afetar a estrutura e função do ecossistema como um todo. Além disso, os mangais enfraquecidos podem ser menos resistentes a perturbações ambientais, como tempestades e inundações, o que pode levar à perda de biodiversidade e à degradação do habitat.

3- 2- Resistência e resiliência dos mangais às doenças e pragas

Ao longo do tempo, os ecossistemas desenvolveram mecanismos de resistência e de resiliência que lhes permitem fazer face a estes factores de stress e manter a sua integridade ecológica. Em primeiro lugar, a biodiversidade dos mangais da lagoa do Tadio desempenha um papel crucial na sua resistência a doenças e pragas. De facto, uma maior diversidade de espécies de mangais e organismos associados reduz a probabilidade de infestações maciças de pragas e a propagação de doenças. Isto deve-se à presença de espécies resistentes e de predadores naturais que ajudam a manter um equilíbrio ecológico e a limitar o impacto dos factores de stress. Além disso, os mangais da lagoa do Tadio desenvolveram mecanismos fisiológicos de defesa contra doenças e pragas. Algumas espécies de mangais produzem compostos químicos, como taninos e fenóis, que podem inibir o crescimento de agentes patogénicos e desencorajar as pragas. Além disso, os mangais podem reforçar os seus tecidos vegetais e paredes celulares para se protegerem dos danos causados por pragas e doenças. Estes mecanismos de defesa permitem que os mangais resistam a factores de stress e mantenham a sua saúde e produtividade. A resiliência dos mangais da lagoa do Tadio a doenças e pragas está também ligada à sua capacidade de regeneração e recuperação após perturbações. Os mangais têm uma grande capacidade de reprodução e dispersão, o que lhes permite recolonizar rapidamente áreas degradadas ou danificadas. Além disso, os mangais podem armazenar reservas de nutrientes e energia nas suas raízes e caules, o que lhes permite recuperar rapidamente de períodos de stress. Esta capacidade de regeneração e recuperação é essencial para manter a integridade ecológica dos mangais e assegurar a sua sobrevivência a longo prazo. Finalmente, a gestão e conservação dos mangais na lagoa do Tadio pode reforçar a sua resistência e resiliência a doenças e pragas. As medidas de gestão e conservação incluem a restauração de habitats degradados, a promoção da biodiversidade, a criação de programas de monitorização e controlo de doenças e pragas, e a redução de factores de stress ambiental como a poluição e a sobre-exploração de recursos. Estas medidas destinam-se a preservar a integridade ecológica dos mangais e a reforçar a sua capacidade para fazer face a ameaças e factores de stress.

3-3- O impacto das doenças e pragas na biodiversidade dos mangais e nos serviços ecossistémicos

A biodiversidade e a proteção costeira estão expostas a uma série de ameaças, incluindo doenças e pragas. As consequências destes factores de stress para a biodiversidade dos mangais e os serviços ecossistémicos podem ser significativas e duradouras. Em primeiro lugar, as doenças e as pragas podem afetar a biodiversidade dos mangais, reduzindo a riqueza e a abundância das espécies. De facto, as doenças e as pragas podem causar a mortalidade de plantas e animais, o que pode levar a uma redução da diversidade de espécies e a uma perda da funcionalidade ecológica dos mangais. Além disso, as doenças e as pragas podem alterar a estrutura e a composição das comunidades de espécies, o que pode ter repercussões nas interações ecológicas e nas cadeias alimentares. As doenças e pragas também podem alterar os serviços ecossistémicos prestados pelos mangais. Os mangais são ecossistemas produtivos que prestam muitos serviços ecossistémicos, como a proteção das linhas costeiras contra a erosão e as inundações, o sequestro de carbono, a filtragem da água e a criação de habitats para muitas espécies. As doenças e as pragas podem afetar estes serviços ecossistémicos, reduzindo a produtividade e a saúde dos mangais. Por exemplo, as doenças e as pragas podem reduzir a capacidade dos mangais para armazenar carbono, filtrar a água e proteger as costas da erosão e das inundações. Além disso, as doenças e as pragas podem ter impactos económicos e sociais nas comunidades locais que dependem dos mangais para a sua subsistência. Os mangais fornecem recursos importantes para as comunidades locais, como lenha, madeira, marisco e peixe. As doenças e as pragas podem reduzir a disponibilidade destes recursos, o que pode afetar os meios de subsistência e a segurança alimentar das comunidades locais. Por último, as doenças e pragas podem interagir com outros factores de tensão ambiental, como a poluição, as alterações climáticas e a sobre-exploração dos recursos, para amplificar os seus impactos na biodiversidade dos mangais e nos serviços ecossistémicos. Por exemplo, as doenças e pragas podem enfraquecer os mangais, tornando-os mais vulneráveis aos impactos das alterações climáticas, como a subida do nível do mar e tempestades mais frequentes. As consequências das doenças e pragas para a biodiversidade e serviços ecossistémicos dos mangais na lagoa do Tadio podem ser significativas e duradouras.

Conclusão

Em resumo, este capítulo sublinha a importância ecológica e social dos mangais da lagoa do Tadio. Em primeiro lugar, a biodiversidade excecional dos mangais, ilustrada pela variedade de espécies vegetais e animais, evidencia o seu papel crucial no equilíbrio dos ecossistemas. Além disso, as condições ambientais específicas desta lagoa contribuem para a reprodução e formação dos mangais, reforçando a sua resiliência face às alterações climáticas. Além disso, a evolução das massas vegetais demonstra as complexas interações entre a flora e a fauna, bem como o impacto das relações ecológicas na dinâmica dos mangais. As análises do índice de vegetação revelam variações significativas entre 1990 e 2022, destacando a importância da monitorização contínua destes ecossistemas. Os mangais desempenham também um papel fundamental como sumidouros de carbono e na redução da erosão costeira, oferecendo soluções para os actuais desafios ambientais. O seu estado de saúde, influenciado por factores sazonais e pela presença de doenças e pragas, exige medidas de conservação adequadas para garantir a sua sobrevivência a longo prazo. As conclusões deste capítulo sublinham não só a riqueza biológica dos mangais da lagoa do Tadio, mas também a sua contribuição essencial para a sustentabilidade dos ecossistemas costeiros face às pressões antropogénicas e climáticas. Esta constatação suscita uma reflexão aprofundada sobre a necessidade de preservar estes ecossistemas frágeis para as gerações futuras.

Capítulo 2: Impactos das alterações hidroclimáticas nos mangais do Laguna Tadio

Introdução

Este capítulo examina os parâmetros climáticos para detetar variações de temperatura, precipitação, humidade, pressão atmosférica, vento e radiação solar, que são essenciais para compreender as alterações climáticas na área de estudo. Ao mesmo tempo, ajuda a prever as condições futuras utilizando modelos climáticos e a antecipar as mudanças. Além disso, as variações térmicas e pluviométricas na lagoa do Tadio, analisadas ao longo de vários períodos, estão a levar os investigadores a avaliar o seu impacto, a fim de fornecer informações ambientais valiosas ao público. O estudo incide sobre a evolução da pluviosidade e da temperatura entre 1983 e 2022, incluindo as variações mensais e anuais destes factores. Ao observar a distribuição temporal dos índices pluviométricos, clarifica as suas caraterísticas específicas. Por outro lado, o capítulo III explora as interações entre os índices oceânicos e os mangais, sensíveis às variações marítimas, demonstrando a influência das marés, das correntes, da salinidade e da temperatura na sua saúde, distribuição e biodiversidade. A utilização de instrumentos e métodos de medição, bem como os desafios inerentes à recolha e análise de dados, enriquecem esta exploração. O estudo tem por objetivo ilustrar a influência oceânica na gestão sustentável dos mangais. Os mangais, essenciais à biodiversidade costeira, dependem da água doce para o seu desenvolvimento. A lagoa do Tadio é um bom exemplo disso, através das chuvas, dos rios e das águas subterrâneas, que garantem a sobrevivência destes ecossistemas. A água doce alimenta e modera a salinidade, influenciando as marés, a sedimentação, a erosão e a distribuição das espécies. Neste sentido, o presente capítulo aborda em pormenor as fontes de água doce e o seu papel na resiliência dos mangais da lagoa do Tadio, dando ênfase à sua preservação para manter os seus serviços ecossistémicos únicos.

I- Alterações climáticas e condições hidroclimáticas em mudança

1- Análise dos parâmetros climáticos

1- 1- Análise das tendências mensais de precipitação e temperatura

1- 1-1-Análise das tendências mensais da precipitação

O padrão de precipitação na área de estudo é caracterizado pela alternância de estações húmidas e secas, organizadas de forma bimodal: uma longa estação chuvosa de abril a julho, seguida de uma curta estação seca em agosto e setembro, depois uma curta estação chuvosa em outubro e novembro e, finalmente, uma longa estação seca de dezembro a março. Nesta análise, os meses chuvosos apresentam precipitações significativas entre abril e julho e em outubro-novembro, variando de acordo com as estações observadas. A precipitação atinge o seu máximo em julho, durante a principal estação chuvosa, com totais mensais que oscilam geralmente entre 110 e 380 mm. Esta precipitação, embora intensa, varia de estação para estação.

O período de seca dura cerca de seis a sete meses por ano e é acompanhado por uma baixa pluviosidade, sobretudo em dezembro e janeiro, com valores que variam entre 16 e 63 mm, consoante a estação. O fenómeno harmattan, caracterizado por um vento seco proveniente do Sara, acentua a seca de novembro a fevereiro, reduzindo ainda mais a precipitação, nomeadamente nos meses de transição. Este vento seco, embora normalmente atenuado nesta região meridional, está a ver os seus efeitos amplificados pelas alterações climáticas, contribuindo para o aumento da variabilidade dos padrões de precipitação. No entanto, dada a posição geográfica da nossa área de estudo, em princípio o harmattan não se deveria fazer sentir, mas devido ao fenómeno climático observamo-lo sobretudo durante os meses de dezembro, janeiro e fevereiro. Os efeitos do harmatão não serão os mesmos que os observados no norte. Na nossa região, isto reflecte-se numa diminuição da precipitação durante este período e em alguns momentos marcados por ventos secos.

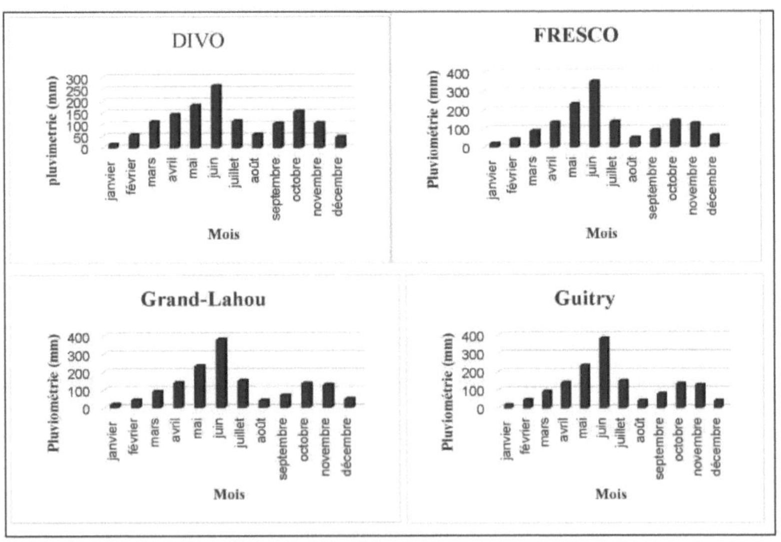

Fonte dos dados: SODEXAM, NASA / Produção: Kouadio Romaric 2021

Figura 1: Tendências mensais da precipitação

1- 1-2- Análise da média térmica

Este período frio é marcado por temperaturas muito baixas, variando entre 25°C e 26°C para todas as estações de observação na área de estudo. De facto, este período é caracterizado por uma boa precipitação em toda a região. Os três departamentos apresentam alturas de temperatura não homogéneas e os meses que caracterizam este período frio são maio 25°C, junho 25°C e julho 25°C. As estações observadas apresentam praticamente as mesmas variações de temperatura. No entanto, os meses da curta estação das chuvas e os meses de transição registam mais frequentemente temperaturas de 27°C ou 28°C. Este período ocorre no final da estação chuvosa longa e durante a estação chuvosa curta. No entanto, acontece por vezes que os meses de transição são influenciados pela estação anterior, que é a estação seca, o que torna por vezes confusa e difícil a identificação deste período de temperatura média. Os meses que marcam este período de temperatura média são março, abril, setembro, outubro e novembro.

No sistema bimodal, a estação seca é também marcada por um aumento das temperaturas no sul do país. Temos um período quente caracterizado por temperaturas elevadas, que por vezes atingem os 28°C. Por outras palavras, estas temperaturas variam entre 27°C e 28°C. Este período marca o início ou a presença da estação seca. Já não há chuva e, mesmo que haja, é uma chuva orográfica e esta chuva, depois de ser derramada sobre o solo, provoca uma espécie de calor que se deve ao vapor após a precipitação, devido à elevada temperatura do solo durante este período seco. Os meses mais quentes são dezembro, janeiro e agosto. Esta situação das alturas térmicas é idêntica de uma estação para outra. Os meses de transição, que marcam o início ou o fim da estação das chuvas, incluindo março e novembro, são os meses que registam mais frequentemente as temperaturas mais quentes durante esta estação.

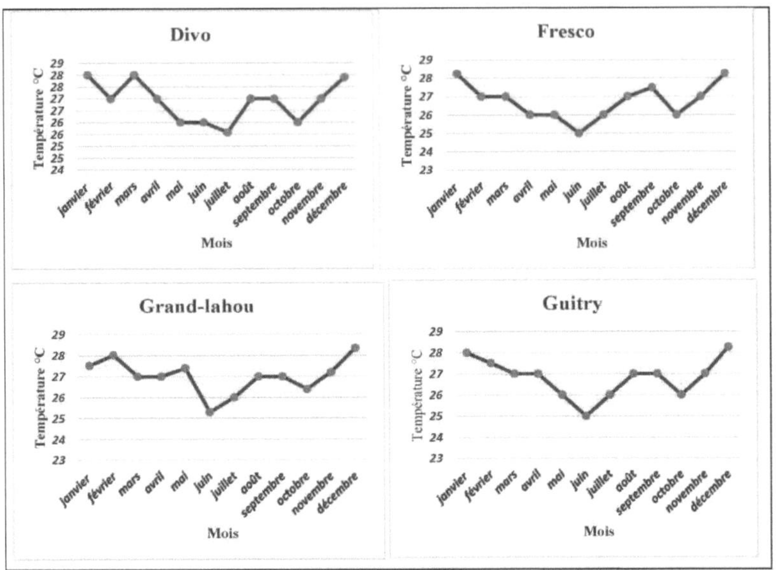

Fonte dos dados: SODEXAM, NASA / Produção: Kouadio Romaric 2022

Figura 2: Tendência mensal da temperatura

1- 2- Análise das variações interanuais da precipitação e da temperatura

1- 2-1- Tendências pluviométricas interanuais

A análise dos valores interanuais da precipitação mostra alterações na precipitação nas várias estações de observação na nossa área de estudo. A análise dos valores mostra uma variação da precipitação ao longo da série temporal. De facto, observa-se uma tendência média no início da análise da série temporal nos anos de 1983, em que os valores de precipitação são aproximadamente superiores aos dos últimos anos. Além disso, cada estação de observação regista valores de precipitação diferentes, com valores de precipitação que variam entre 1100 mm e 1800 mm, consoante o ano. De um modo geral, os valores de precipitação analisados são, em média, os mesmos. Nos últimos anos, registou-se uma alteração muito significativa dos valores de precipitação na nossa área de estudo. As estações registaram grandes quantidades de precipitação, especialmente nos últimos dez anos, com quantidades de precipitação superiores a 1800 mm. No entanto, é importante notar que o aumento da precipitação nos últimos anos se deve a uma série de factores. São vários os factores que contribuem para as alterações da precipitação ao longo dos anos. Entre eles, contam-se as alterações climáticas, que podem ter um impacto nos padrões de precipitação. Por exemplo, o aquecimento global pode levar a alterações na circulação atmosférica, o que pode influenciar a distribuição e a intensidade da precipitação. Outros factores, como os padrões de circulação oceânica, as variações da atividade solar, a topografia local e os fenómenos meteorológicos extremos, podem também desempenhar um papel nos padrões de precipitação.

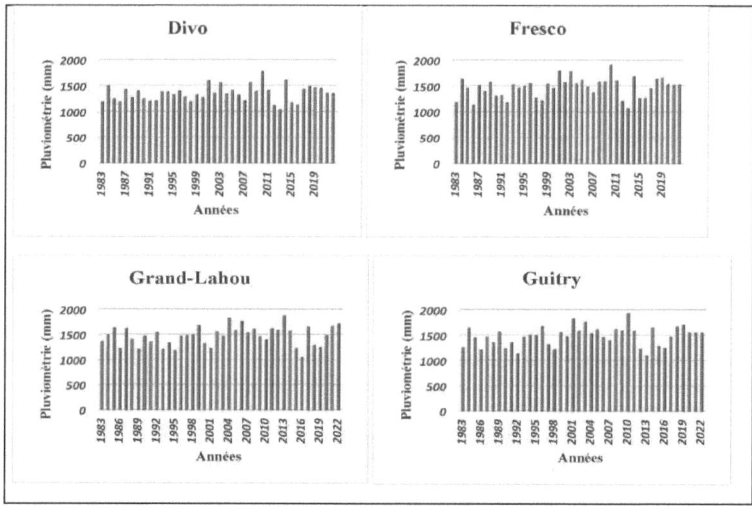

Fonte dos dados: SODEXAM, NASA / Produção: Kouadio Romaric 2021

Figura 3: Tendências interanuais da precipitação

1- 2-2- Tendências interanuais da temperatura

As figuras abaixo mostram as tendências de temperatura na área de estudo. As nossas várias estações cujas tendências de temperatura são analisadas mostram temperaturas até 28°C. A nossa análise mostrou que as temperaturas aumentaram nos últimos anos, com aumentos de 28°C em alguns anos. A temperatura média anual para o período estudado em todas as estações é superior a 24°C, e as estações têm relativamente os mesmos valores de temperatura anual. De facto, estes valores são considerados como os mais baixos entre 1983 e 1990 para as três estações de observação ao longo de toda a série cronológica (1983-2022). Para além destes valores baixos de temperatura, temos valores médios registados ao longo de vários anos com um valor de 26°C. Este valor médio registado em certos meses é o resultado de um período em que tivemos uma precipitação bastante abundante, variando entre 1.200 mm e 1.800 mm. Quanto à subida das temperaturas, as estações estão a registar valores muito elevados, variando entre 27°C e 28°C para as três estações.

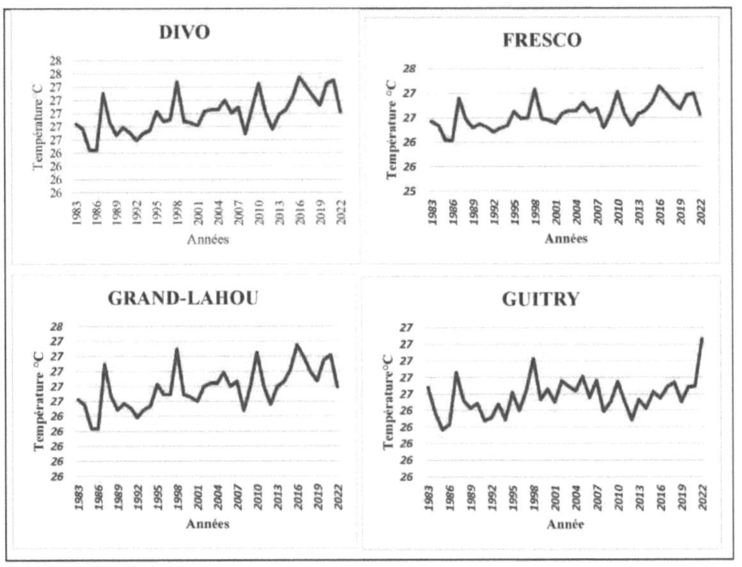

Fonte dos dados: SODEXAM, NASA / Produção: Kouadio Romaric 2021

Figura 4: Tendências interanuais da temperatura

1- 3- Determinação dos períodos climáticos

A nossa zona de estudo tem um clima sub-equatorial com uma estação bimodal. De facto, esta estação é animada por períodos secos e períodos húmidos, que são as diferentes caraterísticas do clima da zona. O método de Gaussen, utilizado para classificar os períodos climáticos, oferece uma perspetiva estruturada das variações de precipitação ao longo do ano. Aplicando este método às diferentes estações, podemos ver uma repartição pormenorizada dos períodos climáticos de janeiro a dezembro. O quadro mostra que os meses de janeiro e dezembro são classificados como secos. Esta caraterização sugere que, durante estes meses, a precipitação é particularmente baixa, marcando o início e o fim de um período seco. Este comportamento é típico de uma estação seca que precede e segue a estação das chuvas. No entanto, em fevereiro, o clima é médio, indicando uma transição entre um período seco e o início da estação das chuvas. A precipitação começa a aumentar lentamente, sinalizando a preparação para um período mais húmido. Os meses de março a setembro são então classificados como húmidos, com variações que vão de médio a muito húmido. Mais especificamente, os meses de março e abril são inicialmente húmidos, o que significa um aumento da precipitação que marca o início da estação das chuvas. Depois temos maio e junho, que são muito húmidos, indicando períodos de precipitação máxima, quando a chuva é mais intensa. Finalmente, temos julho e agosto, que continuam nesta fase húmida, embora a intensidade possa ser ligeiramente inferior à dos meses anteriores. setembro e outubro também são classificados como húmidos, mas tendem para uma fase mais média. Este período marca o fim da estação das chuvas com uma diminuição gradual da precipitação, significando a transição para um período mais seco. Finalmente, os meses de novembro e dezembro voltam a ser secos, assinalando o fim da estação das chuvas e o regresso a um período seco. Esta transição indica que a precipitação está novamente a tornar-se escassa, completando o ciclo climático anual. Esta classificação permite uma melhor compreensão das variações da precipitação ao longo do ano, oferecendo informações cruciais para a gestão dos recursos.

Tabela 2: Determinação dos períodos climáticos pelo método de Gaussen

Divo												
	JAN	**VEF**	**MARÇO**	**ABRIL**	**MAIO**	**JUNHO**	**JUIL**	**AGOSTO**	**SETE**	**PTU**	**NOV**	**DEC**
TEMP	2142,6	2262,2	2284,6	2263,2	2221	2122,2	2046,4	2023,8	2077	2140,8	2185,4	2144
PLUV	658,6	2226,2	4459,5	5743,4	7298	10611,8	4579,9	2322,4	4161,2	6253	4261,4	1854,6
PERÍODO	Seco	Médio	Húmido	Húmido	Húmido	Muito húmido	Húmido	Médio	Húmido	Húmido	Húmido	Seco
Fresco												
	JAN	**VEF**	**MARÇO**	**ABRIL**	**MAIO**	**JUNHO**	**JUIL**	**AGOSTO**	**SETE**	**PTU**	**NOV**	**DEC**
TEMP	2126,2	2205,2	2242,6	2229,8	2179,8	2082,2	2013,6	2000,4	2035,8	2100	2159,6	2134,8
PLUV	897,3	2162,5	3503	5345,9	9210,7	14126,1	5464,7	2058,6	3617,7	5701,4	5126,9	1002,6
PERÍODO	Seco	Médio	Húmido	Húmido	Húmido	Muito húmido	Húmido	Médio	Húmido	Húmido	Húmido	Seco
Grão-Lahou												
	JAN	**VEF**	**MARÇO**	**ABRIL**	**MAIO**	**JUNHO**	**JUIL**	**AGOSTO**	**SETE**	**PTU**	**NOV**	**DEC**
TEMP	2142,6	2229,2	2257,8	2254	2197,2	2098,8	2030,4	2007,6	2044,2	2117,4	2176,2	2150,4
PLUV	738,4	2029,1	3613,8	5591,5	9335,1	15182,3	5973,5	1586,7	2835,2	5403,8	5077,1	1365,3
PERÍODO	Seco	Médio	Húmido	Húmido	Húmido	húmido	Húmido	Médio	Húmido	Húmido	Húmido	Seco
Guitry												
	JAN	**VEF**	**MARÇO**	**ABRIL**	**MAIO**	**JUNHO**	**JUIL**	**AGOSTO**	**SETE**	**PTU**	**NOV**	**DEC**
TEMP	***2204,4***	***2224,6***	***2181,1***	***2126***	***2194,4***	***2013,7***	***2030,4***	***2007,6***	***2044,2***	***2117,4***	***2176,2***	***2167,2***
PLUV	***760,3***	***2007,7***	***3625***	***5591,5***	***9335,1***	***15182***	***5973,5***	***2051,7***	***3117,5***	***5322,4***	***5077,5***	***964,62***
PERÍODO	Seco	Médio	Húmido	Húmido	Húmido	Muito húmido	Húmido	Médio	Húmido	Húmido	Húmido	Seco

Fonte dos dados: SODEXAM, NASA / Produção: Kouadio Romaric 2021

2- Alterações interanuais das condições hidrológicas dos mangais da lagoa do Tadio

2- 1- Tendências interanuais da evapotranspiração potencial (ETP) e da evapotranspiração real (ETR)

2- 1-1-Evolução da evapotranspiração potencial (ETP)

As figuras ilustram a evapotranspiração potencial anual (PET) para o período de 1983 a 2022. A evapotranspiração potencial é um indicador-chave que representa a quantidade máxima de água que poderia evaporar e ser transpirada pela vegetação em condições óptimas. O gráfico mostra que a ETP tem flutuado ao longo dos anos, mas permanece relativamente estável em torno de um valor médio de cerca de 1000 mm/ano. Os valores mais baixos foram observados entre 1985 e 1997, com cerca de 1014 mm/ano e 1020 mm/ano, respetivamente, para as quatro estações analisadas. Em contrapartida, os valores mais elevados foram registados entre 1998, 2016 e 2021, com valores da ordem de 1030 mm/ano e 1050 mm/ano, respetivamente. Estas flutuações são causadas por vários factores, como as variações de temperatura, humidade, radiação solar e velocidade do vento, que influenciam a evapotranspiração. A evapotranspiração é um fator-chave que influencia a disponibilidade de água nos ecossistemas de mangais. As variações na ETP podem afetar a salinidade da água, que por sua vez pode influenciar o crescimento e a distribuição dos mangais. A ETP influencia diretamente a quantidade de água doce disponível para os mangais ao afetar a evaporação e a transpiração. No entanto, uma ETP elevada significa que existe uma grande procura de água devido à evaporação e transpiração. Neste caso, o fornecimento de água doce é insuficiente e os mangais podem sofrer de stress hídrico, o que pode afetar o seu crescimento e sobrevivência em determinadas áreas. Por outro lado, uma ETP baixa significa que há menos procura de água, o que pode favorecer a retenção de água doce no solo e criar condições mais favoráveis para os mangais. No entanto, é importante notar que o impacto da ETP nos mangais pode variar em função de outros factores ambientais, como a precipitação, as marés e o fluxo dos cursos de água circundantes. Na nossa área de estudo, as chuvas fortes podem compensar uma ETP elevada, fornecendo um abastecimento adicional de água doce, especialmente nos últimos anos.

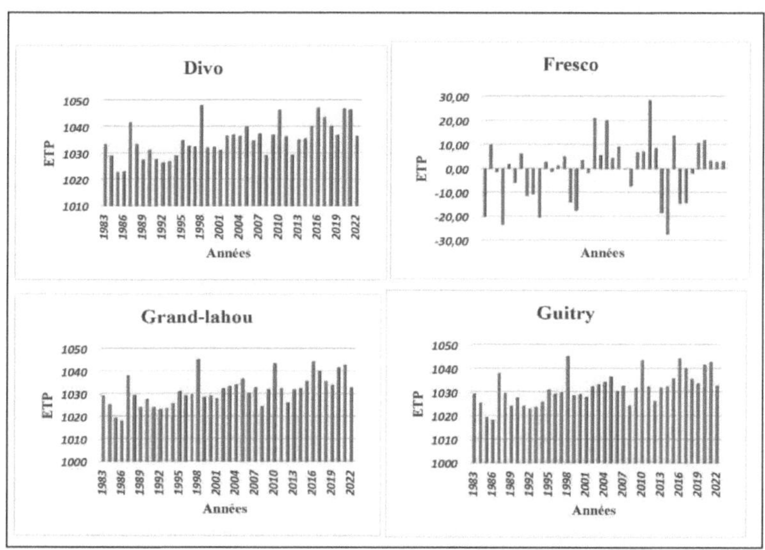

Fonte dos dados: SODEXAM, NASA / Produção: Kouadio Romaric 2021

Figura 5: Tendências interanuais da evapotranspiração potencial

2- 1-2- Tendências interanuais da evapotranspiração real (AET)

A figura abaixo mostra a evolução do índice ETR (Evaporação-

Transpiração-Recarga) de 1983 a 2022 para quatro estações diferentes. A análise dos dados mostra que o índice ETR tem flutuado ao longo dos anos. Em geral, atingiu o seu máximo em 1984, 2001, 2003, 2010, 1984, 2001 e 2014, ultrapassando as 900 unidades. Estes picos indicam períodos em que a evaporação, a transpiração e a recarga de água foram mais elevadas. Em contrapartida, o índice ETR registou mínimos em 1986, 1990, 1991, 1992, 1998, 2012 e 2013, com valores inferiores a 850 unidades. Estes mínimos sugerem períodos em que a evaporação, a transpiração e a recarga de água foram mais baixas. É interessante notar que, desde 2000, o índice ETR parece ter tendência para subir, com valores geralmente superiores a 850 unidades, com exceção de 2012 e 2013. No entanto, esta tendência não é constante e continua a registar-se flutuações de um ano para o outro. A interpretação destes dados pode depender do contexto. Se considerarmos que o índice ETR é um indicador da saúde do ecossistema, anos com um índice ETR elevado podem sugerir condições favoráveis ao crescimento das plantas e à recarga de água. Por outro lado, anos com um índice REE baixo podem indicar condições mais secas e menos favoráveis. No entanto, é importante notar que o índice ETR é influenciado por muitos factores, como a precipitação, a temperatura, a humidade, o vento e a radiação solar. Por conseguinte, qualquer interpretação destes dados deve ter em conta estes factores e a sua evolução ao longo do tempo. Em conclusão, este gráfico mostra que o índice ETR tem flutuado ao longo das últimas décadas, com uma tendência geral de aumento desde 2000. Estas flutuações podem ter implicações importantes para a gestão dos recursos hídricos e a preservação dos ecossistemas na região em causa.

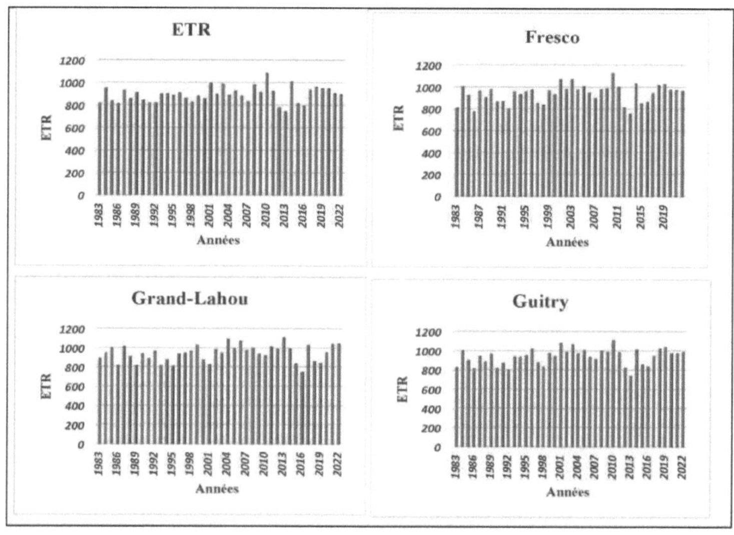

Fonte dos dados: SODEXAM, NASA / Produção: Kouadio Romaric 2021

Figura 6: Tendências interanuais da evapotranspiração real

2- 2- Evolução mensal da evapotranspiração potencial (ETP) e da evapotranspiração real (ETR)

2- 2-1- Evolução mensal da evapotranspiração potencial (ETP)

A figura mostra a evapotranspiração potencial (ETP) média mensal, expressa em milímetros. Em primeiro lugar, o PTE mantém-se estável de janeiro a março, com valores que variam entre 85 e 99 mm, consoante a estação. Em seguida, atinge o seu máximo em março, com cerca de 99 mm, devido ao aumento das temperaturas e ao sol da primavera. No entanto, em abril regista-se um ligeiro decréscimo, embora os valores se mantenham elevados. Posteriormente, entre maio e agosto, a ETP diminui progressivamente, passando de mais de 90 mm em maio para menos de 72 mm em agosto, devido à diminuição das precipitações e ao aumento da evaporação estival. Em setembro, a ETP subiu ligeiramente acima dos 70 mm, mas manteve-se baixa em comparação com os meses anteriores. Em outubro, voltou a subir para mais de 80 mm, em resultado do aumento da precipitação e da descida das temperaturas. De novembro a dezembro, a ETP manteve-se estável, oscilando entre 86 e 87 mm.

A ETP flutua anualmente de acordo com as estações do ano e as condições climáticas: atinge os seus valores máximos na primavera e mínimos no verão, influenciados pela precipitação e pela temperatura. Estas variações têm um impacto nos mangais, ecossistemas costeiros que necessitam de água doce para o seu desenvolvimento e são sensíveis às alterações hidrológicas. Uma ETP elevada aumenta a procura de água por parte das plantas, o que pode levar a um stress hídrico nos mangais em caso de escassez de água doce, afectando o seu crescimento e sobrevivência. Por outro lado, um ETP baixo reduz esta procura, favorecendo o crescimento dos mangais. No entanto, os mangais adaptam-se às flutuações sazonais da ETP através de várias estratégias, como o armazenamento de água nas suas folhas ou caules e a redução da transpiração para minimizar a perda de água.

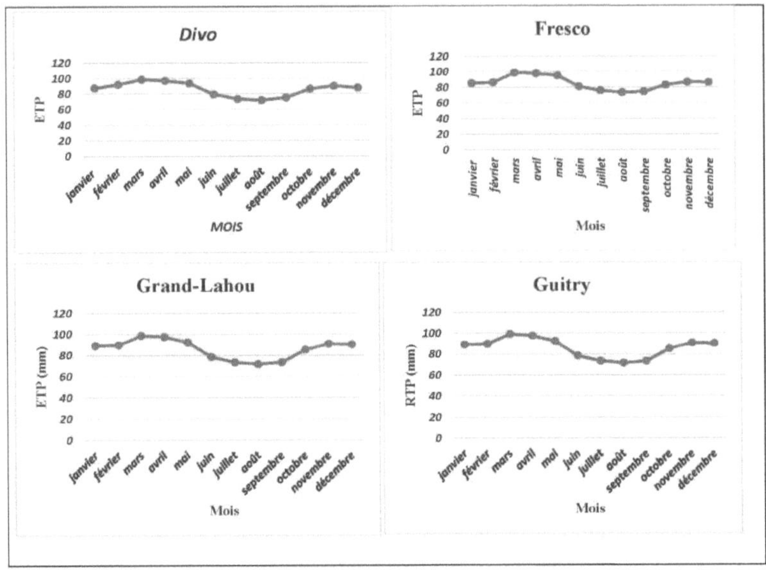

Fonte dos dados: SODEXAM, NASA / Produção: Kouadio Romaric 2021

Figura 7: Tendência mensal da evapotranspiração potencial

2- 2-2- Tendências mensais da evapotranspiração real (AET)

O quadro seguinte mostra as variações mensais da evapotranspiração real. Podemos ver que a AET varia consideravelmente de mês para mês. É mais baixa em janeiro (variando de 15 a 23 mm) e mais alta em junho (233,09 a 331 mm). Esta variação mensal do AET deve-se principalmente às mudanças sazonais de temperatura, humidade e precipitação. Em geral, o AET aumenta à medida que a temperatura e a insolação aumentam, e diminui à medida que a temperatura e a insolação diminuem. É por isso que o AET é mais elevado nos meses mais quentes e ensolarados (março a junho) e mais baixo nos meses mais frios e ensolarados (dezembro a fevereiro).

As alterações no REE podem ter um impacto significativo nos mangais. Um REE elevado reduz a disponibilidade de água doce para os mangais, particularmente durante os meses secos. Isto pode levar a um stress hídrico para as plantas, o que pode afetar o seu crescimento, reprodução e sobrevivência. Por outro lado, um baixo REE pode aumentar a disponibilidade de água doce para os mangais, o que pode favorecer o seu crescimento e desenvolvimento. No entanto, é importante notar que os mangais estão adaptados às variações sazonais de REE e desenvolveram estratégias para lidar com períodos de stress hídrico. Por exemplo, algumas espécies de mangue podem armazenar água nas suas folhas ou caules, enquanto outras podem reduzir a transpiração para minimizar a perda de água. No entanto, os mangais estão adaptados a estas variações e desenvolveram estratégias para fazer face a períodos de stress hídrico.

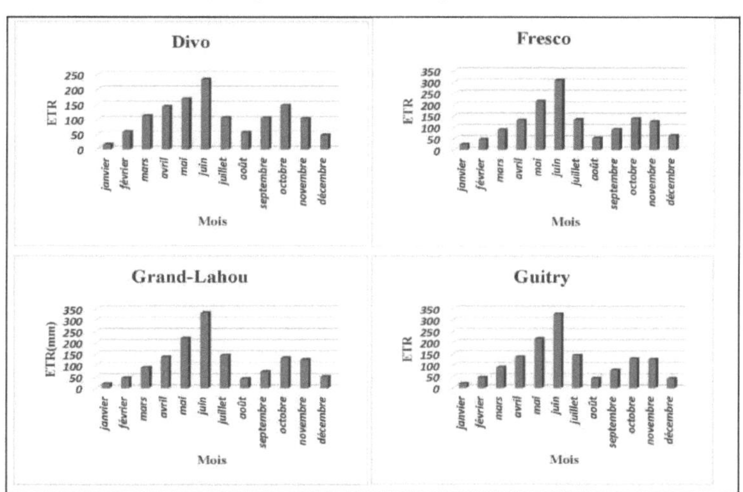

Fonte de dados: SODEXAM, NASA Produção: Kouadio Romaric 2021

Figura 8: Tendência mensal da evapotranspiração real

II- Influência dos fenómenos oceânicos

1- Análise dos indicadores oceânicos na lagoa do Tadio

1- 1- A salinidade e a acidez da lagoa do Tadio

A salinidade é um fator chave na dinâmica dos mangais da lagoa do Tadio, pois influencia a distribuição das espécies vegetais e animais que habitam este ecossistema. Os mangais desenvolvem-se em zonas onde a água é salobra, ou seja, onde a salinidade é superior à das zonas de água doce e inferior à das zonas marinhas. A salinidade da água na lagoa do Tadio deve-se principalmente à intrusão da água do mar na maré alta, mas também pode ser influenciada por outros factores como a precipitação, as entradas dos rios e as marés. A partir das nossas investigações e análises, parece que a salinidade das águas superficiais é mais baixa do que a das águas profundas devido à entrada de água doce dos rios e à precipitação. Nas zonas de mangais, a salinidade da água também pode variar consoante a vegetação e a sombra proporcionada pelas árvores. As raízes dos mangais também podem afetar a salinidade da água ao reterem sedimentos e reduzirem a circulação da água, o que pode aumentar a concentração de sal. A acidez da água da lagoa de Tadio, na Costa do Marfim, varia em função de vários factores, como a decomposição da matéria orgânica, a respiração dos organismos aquáticos, a entrada de água doce e as marés. Em geral, o pH da água dos mangais é ligeiramente ácido a neutro, com valores entre 6 e 8. No entanto, no nosso caso, a lagoa do Tadio, o pH da água pode ser influenciado pela presença de matéria orgânica em decomposição, que liberta ácidos e reduz o pH da água. No entanto, as raízes dos mangais também podem desempenhar um papel importante na regulação do pH da água, ao reter sedimentos e promover o crescimento de bactérias que podem neutralizar os ácidos. De acordo com as amostras recolhidas durante os nossos inquéritos, o pH da lagoa do Tadio pode variar entre 6,5 e 7,5, com variações sazonais e espaciais. No entanto, estes valores podem variar em função das condições locais e do ano.

1- 2- Temperatura da água

A temperatura da água desempenha um papel importante na dinâmica dos mangais da lagoa do Tadio. A temperatura da água varia de 10°C a 47°C, dependendo do nível em que a medição é efectuada. No entanto, a temperatura da água pode variar consoante a profundidade e a proximidade dos mangais. Em geral, a temperatura da água à superfície é mais elevada do que em profundidade, devido à exposição ao sol e à absorção de calor. Nas zonas de mangais, a temperatura da água varia consoante a vegetação e a sombra proporcionada pelas árvores. As raízes dos mangais afectam diretamente a temperatura da água, reduzindo a velocidade da água e favorecendo a acumulação de sedimentos, o que reduz a quantidade de luz solar que entra na água e reduz a temperatura. Nos mangais aqui presentes, a temperatura varia entre 20°C à superfície e 3°C em profundidade. No entanto, é de notar que a temperatura da água em profundidade na lagoa do Tadio é mais estável do que à superfície, pois é menos afetada pelas variações da temperatura do ar e pela exposição ao sol. No entanto, a temperatura da água em profundidade também pode ser afetada por outros factores, como as correntes, as marés e as fontes de água doce ou salgada.

A temperatura das águas superficiais da lagoa do Tadio varia em função de vários factores, entre os quais a estação do ano, a hora do dia, o estado do tempo e as condições ambientais locais. De manhã, antes do nascer do sol, a temperatura da água é mais baixa e varia entre 20°C e 25°C. Esta variação é também o resultado das actividades circundantes. Durante o dia, ao nascer do sol, a temperatura começa a ficar muito quente e o sol à superfície da lagoa dá-lhe uma temperatura entre 25°C e 35°C. Nalgumas partes da lagoa, a temperatura pode atingir os 47°C, especialmente perto das aldeias. Em geral, a temperatura da água superficial da lagoa de Tadio é influenciada pela temperatura do ar e pela exposição ao sol.

1- 3- Fosfatos e nitratos

As concentrações de fosfato e nitrato na lagoa do Tadio variam de acordo com uma série de factores, incluindo a entrada de nutrientes dos rios, as actividades humanas, a decomposição da matéria orgânica e os processos biológicos. Fosfatos e nitratos são nutrientes essenciais para o crescimento de plantas e algas em ecossistemas aquáticos. No entanto, concentrações elevadas destes nutrientes conduzem a uma proliferação excessiva de algas, o que tem um impacto negativo na qualidade da água e na saúde dos ecossistemas aquáticos. Na lagoa do Tadio, as concentrações de fosfato e nitrato variam de acordo com a proximidade de fontes de entrada de nutrientes, tais como rios e aldeias circundantes. As actividades humanas como a agricultura, a pecuária e as descargas de águas residuais também contribuem para o aumento das concentrações de nutrientes na água. As concentrações de fosfatos e nitratos na água da lagoa do Tadio podem variar entre 0,01 e 1,5 miligramas por litro para os fosfatos e entre 0,1 e 10 miligramas por litro para os nitratos, com variações sazonais e espaciais. No entanto, estes valores podem variar em função das condições locais e do ano.

2- Correntes e fenómenos oceânicos

2- 1- Correntes marinhas e dinâmica dos mangais na lagoa do Tadio

2- 1-1- Transporte de nutrientes e sedimentos pela corrente marítima

O transporte de nutrientes e sedimentos pelas correntes marinhas é um dos principais factores que influenciam a dinâmica dos mangais na lagoa do Tadio. Em primeiro lugar, as correntes marinhas transportam nutrientes essenciais como o azoto, o fósforo e o ferro para os mangais, o que pode promover o seu crescimento e desenvolvimento. Os mangais precisam destes nutrientes para manter a sua produtividade e saúde. Os nutrientes podem ser transportados na forma dissolvida na água ou na forma de partículas em suspensão. Além disso, os sedimentos são transportados pelas correntes oceânicas. Os sedimentos transportados pelas correntes marinhas contribuem para a formação de novos solos e para a expansão dos mangais. Estes sedimentos fornecem um substrato estável para o crescimento dos mangais e podem também conter nutrientes essenciais. No entanto, o excesso de sedimentos também leva ao assoreamento e à morte dos mangais. Além disso, temos a distribuição de nutrientes e sedimentos. As correntes marinhas ajudam a distribuir uniformemente os nutrientes e os sedimentos nos mangais, o que pode contribuir para o crescimento e desenvolvimento uniforme dos mangais. As correntes marinhas também podem ajudar a transportar nutrientes e sedimentos para áreas mais distantes dos manguezais, o que pode ajudar a estender o alcance dos manguezais. Finalmente, as correntes marinhas afectam diretamente a turvação da água na lagoa do Tadio, o que pode ter um impacto no crescimento e sobrevivência dos mangais. A água turva pode reduzir a quantidade de luz solar que chega aos mangais, o que pode afetar o seu crescimento e desenvolvimento. Em geral, o transporte de nutrientes e sedimentos pelas correntes marinhas é um fator importante que influencia a dinâmica dos mangais na lagoa do Tadio.

2- 2-2- Contribuição para as alterações da salinidade da água e da erosão costeira

As correntes marítimas desempenham um papel determinante na salinidade da água da lagoa do Tadio, influenciando diretamente a dinâmica dos mangais. Os mangais, adaptados a ambientes salinos, têm níveis de tolerância variáveis consoante a espécie, o que afecta a sua distribuição e crescimento. Por outro lado, estas correntes também favorecem a entrada de água doce na lagoa através das chuvas e dos rios, contribuindo para reduzir a salinidade necessária à manutenção da produtividade dos mangais. As flutuações sazonais também influenciam esta salinidade: a estação das chuvas aumenta o fornecimento de água doce, enquanto a estação seca intensifica a evaporação, exigindo que os mangais sejam mais tolerantes a estas variações. Em última análise, estas alterações na salinidade modificam a estrutura das comunidades de mangais, afectando a sua distribuição e abundância.

No que diz respeito à erosão costeira, as correntes marinhas contribuem igualmente para a desestabilização das margens, provocando uma perda de solo que enfraquece o substrato indispensável ao crescimento dos mangais. Além disso, o transporte de sedimentos, frequentemente responsável pelo assoreamento, perturba a estabilidade e a saúde dos ecossistemas. As ondas, ao aumentarem de altura e de frequência, agravam esta erosão, ao mesmo tempo que favorecem a dispersão dos propágulos, permitindo a colonização de novas zonas. Por último, a chegada de espécies invasoras transportadas por estas correntes afecta a biodiversidade dos mangais. A figura abaixo ilustra as variações anuais da amplitude das marés de 1983 a 2022, essenciais para analisar o impacto da dinâmica das marés nestes ecossistemas costeiros.

3- Evolução dos fenómenos oceânicos

3- 1- Tendências interanuais dos fenómenos oceânicos

3- 1-1- Tendências interanuais dos marégrafos

A figura abaixo ilustra as variações anuais da amplitude de maré entre 1983 e 2022, destacando a evolução interanual na região de Grand-Lahou, no sul da Costa do Marfim. A amplitude da maré, que exprime a diferença entre a maré alta e a maré baixa, é um parâmetro fundamental para compreender a dinâmica marítima e o seu impacto nas zonas costeiras. Globalmente, os valores oscilam em torno de 0,50, embora se tenham registado flutuações notáveis ao longo do tempo. No entanto, tem-se registado uma tendência de aumento nas últimas décadas.

No início do período, entre 1983 e 1993, os valores situavam-se principalmente entre 0,47 e 0,55, mostrando uma certa estabilidade com variações limitadas. A partir de 2006, registou-se um aumento significativo da amplitude de maré, com valores de 0,65 em 2006, 0,72 em 2007 e 0,78 em 2014. Os últimos anos apresentam também picos significativos, com a amplitude de maré a atingir 0,80 em 2020, o valor mais elevado do período, enquanto 2021 e 2019 apresentam valores de 0,79 e 0,77, respetivamente. Em comparação, os anos anteriores a 2005 apresentam variações menos acentuadas, revelando uma amplitude de maré relativamente estável.

A instabilidade crescente, particularmente acentuada após 2005, pode estar associada a factores climáticos e ambientais. Alguns anos, como 1985 com uma amplitude de maré de 0,69 e 2014 com 0,78, apresentam anomalias que indicam aumentos atípicos. Em suma, a análise interanual da amplitude de maré entre 1983 e 2022 sugere um aumento significativo, provavelmente associado a fenómenos como as alterações climáticas, a subida do nível do mar ou a alteração das correntes oceânicas. Consequentemente, este aumento da variabilidade nos últimos anos exige uma monitorização sustentada para melhor compreender a dinâmica subjacente e o seu potencial impacto nos ecossistemas costeiros e nas actividades humanas.

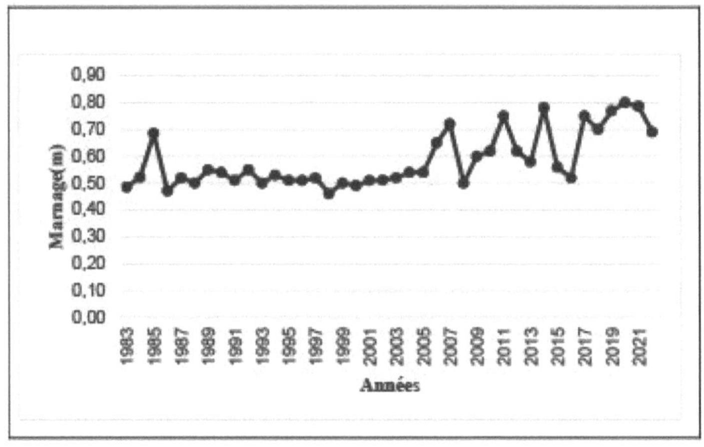

SIEREM 2021/ Projeto: Kouadio Romaric 2021

Figura 9: Variação interanual da amplitude das marés

3- 1-2- Tendências interanuais do El Niño

A análise que se segue analisa a evolução interanual do índice El Niño na região de Grand-Lahou, na Costa do Marfim, de 1983 a 2022. Este índice reflecte as anomalias da temperatura da superfície do mar e a sua influência nas condições climáticas locais. Os anos de 1987, 1997, 2015 e 1983 são marcados por anomalias positivas significativas, com índices de 15,32, 14,05, 17,53 e 5,76, respetivamente. Estes períodos correspondem a eventos El Niño intensos, que provocam perturbações climáticas importantes, como secas e variações extremas de precipitação. Em contrapartida, os anos de 1988, 1999, 2000, 2011 e 2022 apresentam anomalias negativas significativas, com índices de -9,73, -14,7, -10,03, -10,33 e -11,26, respetivamente. Estes valores indicam eventos La Niña, geralmente associados a condições mais húmidas e inundações na região. Outros anos, como 1990, 1991, 1992, 1994, 2002 e 2004, mostram anomalias positivas moderadas com valores que flutuam entre 3,01 e 7,76. Estas flutuações indicam períodos de El Niño menos intensos, mas ainda assim têm influência no clima local. Anos como 1985, 1989, 2007, 2008, 2010 e 2016 mostram transições marcantes com índices negativos que variam entre -7,18 e -10,33, demonstrando ciclos alternados de El Niño e La Niña. Estas transições são cruciais para compreender a dinâmica climática e o seu impacto nos ecossistemas. Alguns anos, como 2005, 2006, 2014 e 2018, apresentam anomalias próximas de zero, o que indica condições climáticas relativamente estáveis, sem eventos El Niño ou La Niña marcantes. Em suma, é de notar que a evolução interanual do índice El Niño na parte sul da Costa do Marfim revela flutuações significativas entre anos com fortes anomalias positivas e negativas. Estas variações são essenciais para compreender o impacto dos ciclos climáticos globais nas condições locais. Ao identificar estas tendências, é possível antecipar os potenciais efeitos climáticos e desenvolver estratégias de adaptação para as populações e ecossistemas locais. Os dados sublinham a importância da monitorização contínua dos índices climáticos para melhor compreender os futuros desafios ambientais.

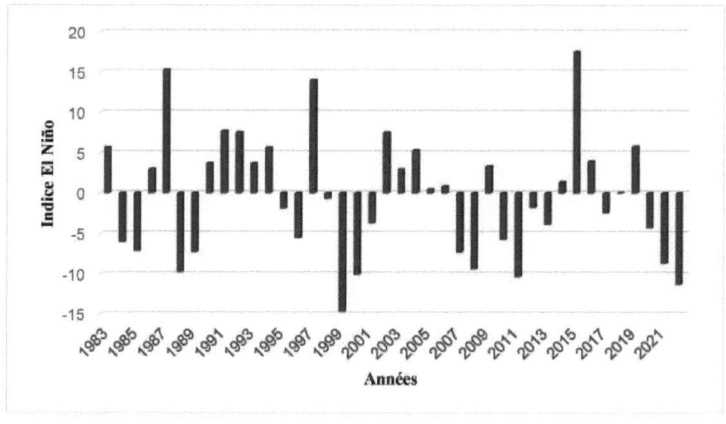

SIEREM 2021 / Concebido por Kouadio Romaric 2021
Figura 10: Variação anual do índice]

3- 2- Análise mensal dos fenómenos oceânicos

3- 2-1- Análise mensal do marégrafo

A análise centra-se nas variações mensais da amplitude de maré em Grand-Lahou, uma região no sul da Costa do Marfim. Os meses de janeiro a abril mostram uma estabilidade relativa, com uma amplitude de maré de 0,55 em janeiro, 0,56 em fevereiro e depois uma ligeira descida para 0,55 em março e abril. Este período mostra pouca variação sazonal nos níveis de maré, sugerindo estabilidade hidrológica durante a estação seca. Em maio, a amplitude da maré desce ligeiramente para 0,54, continuando esta tendência em junho, com o mesmo nível, e em julho, atingindo 0,53. Esta diminuição progressiva pode estar ligada ao aumento da precipitação e ao início da estação das chuvas, que influencia a dinâmica das marés através do aumento dos caudais dos rios. Em agosto e setembro, verifica-se um ligeiro regresso a 0,54. Esta relativa estabilidade pode ser explicada pelo pico da estação das chuvas, quando os níveis das marés são estabilizados por um fornecimento constante de água doce proveniente das chuvas e dos rios vizinhos. Em outubro, a amplitude da maré volta a subir para 0,56, mantendo-se neste nível em novembro e dezembro. Este aumento coincide com o fim da estação das chuvas e o início da estação seca, quando a redução da precipitação permite que as variações de maré se tornem mais pronunciadas. A evolução mensal da amplitude de maré em Grand-Lahou revela uma relativa estabilidade dos níveis de maré com ligeiras flutuações sazonais. O período seco (janeiro a abril) apresenta níveis de maré relativamente constantes, enquanto a estação das chuvas (maio a setembro) provoca uma ligeira descida seguida de estabilização. Finalmente, o recomeço de variações mais acentuadas de outubro a dezembro assinala a transição para a estação seca. Estas observações são essenciais para compreender a dinâmica hidrológica local e planear as actividades costeiras e de gestão dos recursos em função das variações das marés.

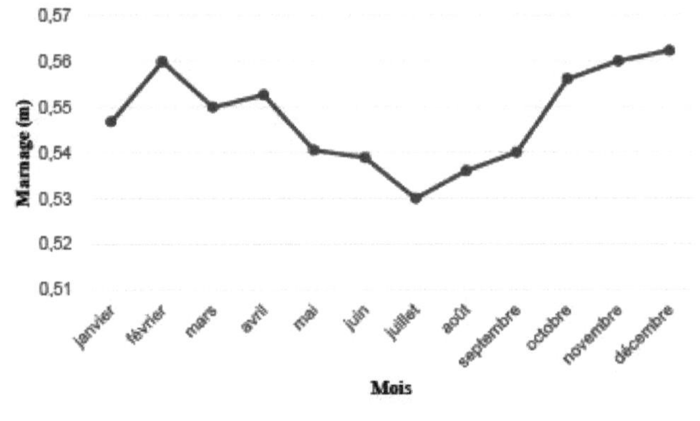

SIEREM 2021 / Concebido por Kouadio Romaric 2021

Figura 11: Variação mensal da amplitude da maré

3- 2-2- Análise mensal do índice El Niño

A análise do índice El Niño em Grand-Lahou revela flutuações mensais significativas. Em janeiro, o índice El Niño foi de -0,81, ligeiramente menos negativo em fevereiro, com -0,69, e continuando esta tendência em março, com -0,4. Este período mostra uma diminuição progressiva dos efeitos negativos do índice, indicando um enfraquecimento das condições La Niña. Entre abril e junho, o índice El Niño continua a mostrar uma tendência menos negativa, com -0,35 em abril, -0,33 em maio e -0,24 em junho. Esta evolução indica uma transição para condições climáticas mais neutras, marcando uma atenuação das anomalias térmicas negativas. Em julho, o índice sobe ligeiramente para -0,27 antes de descer novamente em agosto para -0,81. Esta queda súbita em agosto pode ser atribuída a um reforço temporário das condições de La Niña, caracterizadas por temperaturas mais baixas à superfície do mar. De setembro a dezembro, o índice El Niño apresenta uma diminuição contínua e significativa. Em setembro, atingiu -1,81, depois -2,72 em outubro, -3,38 em novembro e -3,84 em dezembro. Neste período, assistiu-se a uma intensificação acentuada das condições La Niña, com anomalias térmicas negativas mais pronunciadas. Por fim, os primeiros meses mostram um abrandamento das condições negativas, sugerindo uma fase de transição para condições mais neutras. No entanto, a partir de julho, verifica-se uma tendência descendente acentuada, que culmina em dezembro com valores muito negativos, indicando uma forte influência de La Niña. Estas variações têm um impacto direto no clima local, influenciando a precipitação e as temperaturas, e devem ser tidas em conta na gestão dos recursos.

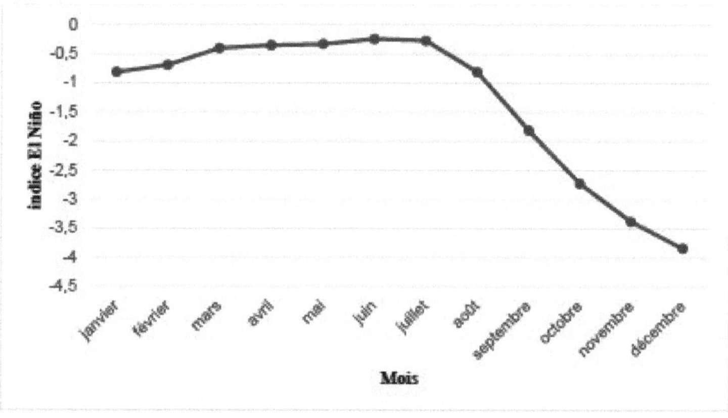

SIEREM 2021 / Concebido por Kouadio Romaric 2021

Figura 12: Evolução mensal dos índices El Niño

III- Influência dos índices e fenómenos oceânicos

1- Impacto dos índices oceânicos na dinâmica dos mangais da lagoa do Tadio

1- 1- Impacto da salinidade e da acidez da água na evolução dos mangais

A salinidade e o pH da água da lagoa do Tadio têm uma grande influência na dinâmica dos mangais. Em primeiro lugar, a salinidade determina a distribuição e o crescimento das espécies de mangais, cada uma das quais tem uma tolerância específica ao sal. Algumas, como o mangue vermelho, adaptam-se a ambientes de alta salinidade, enquanto outras, como o mangue preto, desenvolvem-se melhor em águas menos salinas. A salinidade também afecta a fauna marinha, várias espécies que dependem dos mangais para o seu desenvolvimento e que variam em abundância de acordo com os níveis de sal, aumentando a biodiversidade da lagoa.

Em segundo lugar, o pH da água tem um impacto na saúde dos mangais. Quando a água é ácida ($pH < 7$), a disponibilidade de nutrientes essenciais como o fósforo e o azoto diminui, limitando o crescimento das plantas. A acidez também aumenta a toxicidade dos metais pesados, como o chumbo, que podem danificar os tecidos dos mangais. Inversamente, a água alcalina ($pH > 7$) reduz a disponibilidade de outros elementos, como o ferro, perturbando a estrutura do solo e a capacidade de absorção das raízes. No entanto, os mangais desenvolvem mecanismos de adaptação, ajustando o pH em torno das suas raízes para favorecer o seu desenvolvimento, apesar das variações ácidas ou alcalinas do seu ambiente.

1- 2- Impacto da temperatura da água, fosfato e nitrato

A temperatura da água na lagoa do Tadio influencia os mangais, afectando o seu crescimento, reprodução e composição. Por um lado, as temperaturas elevadas podem acelerar a evaporação, causando stress hídrico para as plantas e favorecendo as espécies mais resistentes ao calor, enquanto as temperaturas baixas abrandam o seu crescimento e tornam-nas mais vulneráveis. A temperatura também afecta a reprodução, influenciando a germinação dos propágulos e a floração, o que modifica a disponibilidade de propágulos para o povoamento. Interage também com outros factores, como a salinidade e as tempestades, afectando a estrutura e a saúde do ecossistema. Em suma, o impacto da temperatura sobre os mangais desta lagoa é determinante, daí o interesse de estudos locais aprofundados.

Quanto aos fosfatos e nitratos, estes nutrientes têm repercussões importantes, nomeadamente favorecendo a proliferação de algas, o que limita a luz disponível para a fotossíntese nos mangais. Além disso, a decomposição desta biomassa excessiva liberta toxinas, perturbando o equilíbrio ecológico da lagoa e reduzindo a biodiversidade dos mangais. Além disso, a exposição prolongada a esses nutrientes pode alterar a salinidade, comprometendo a saúde dos manguezais e tornando suas folhas mais vulneráveis a doenças. Por outro lado, a falta de nutrientes pode limitar o seu desenvolvimento e reduzir a sua capacidade fotossintética. A gestão óptima das concentrações de fosfato e nitrato é, portanto, crucial para a sustentabilidade deste ecossistema.

2- Impacto dos fenómenos oceânicos na dinâmica dos mangais da lagoa do Tadio (sul da Costa do Marfim)

2- 1- Impacto da evolução das marés na dinâmica dos mangais da lagoa do Tadio (sul da Costa do Marfim)

As variações das marés desempenham um papel determinante na dinâmica dos ecossistemas de mangais, nomeadamente na lagoa de Tadio, no sul da Costa do Marfim. As variações dos níveis de maré influenciam as condições hidrológicas, tendo um impacto direto no crescimento, na composição e na resiliência dos mangais. Em primeiro lugar, as variações das marés modificam os níveis de inundação e os gradientes de salinidade. Quando as marés são mais altas, as áreas de mangue ficam submersas por mais tempo, o que favorece as espécies tolerantes à água salgada. Consequentemente, esta condição pode levar a um aumento da dominância destas espécies, alterando a composição da comunidade vegetal. Em segundo lugar, as marés baixas expõem as raízes dos mangais ao ar por períodos prolongados. Esta exposição pode aumentar o stress hídrico das plantas menos tolerantes à dessecação, reduzindo a sua capacidade de sobrevivência e crescimento. Como resultado, a diversidade de espécies pode ser reduzida e a estrutura do ecossistema alterada. As alterações das marés também afectam os processos de erosão e sedimentação. As marés mais altas podem levar a um aumento da erosão do solo, expondo as raízes dos mangais e tornando as plantas jovens vulneráveis. Por outro lado, marés mais suaves podem favorecer a sedimentação, permitindo a formação de novos habitats adequados à colonização dos mangais. No entanto, os mangais possuem mecanismos de adaptação que lhes permitem responder às variações das marés. Por exemplo, algumas espécies desenvolvem raízes pernaltas ou pneumatóforos para respirar melhor em condições de inundação prolongada. Desta forma, a capacidade de adaptação dos mangais contribui para a sua resiliência às variações do nível das marés. Por último, as alterações na dinâmica dos mangais devidas às variações das marés têm implicações ecológicas e socioeconómicas significativas. A nível ecológico, influenciam a biodiversidade e a produtividade dos ecossistemas costeiros. Socioeconomicamente, as comunidades locais dependem dos mangais para obter recursos como a madeira, a pesca e a proteção contra a erosão costeira.

As variações das marés podem, portanto, ter um impacto direto nos meios de subsistência das populações locais.

2- 2- Impacto do "El Niño" na dinâmica dos mangais da lagoa do Tadio (Sul da Costa do Marfim)

A evolução do fenómeno El Niño tem um impacto importante nos ecossistemas costeiros, nomeadamente nos mangais da lagoa do Tadio, no sul da Costa do Marfim. As variações climáticas associadas ao El Niño afectam as precipitações, as temperaturas e os regimes de vento, modificando assim as condições ecológicas em que se desenvolvem os mangais. Em primeiro lugar, o El Niño provoca frequentemente anomalias de precipitação. Nalgumas regiões, provoca secas prolongadas, reduzindo a disponibilidade de água doce essencial para o crescimento dos mangais. Esta redução da água doce aumenta a salinidade da água da lagoa, o que pode prejudicar as plantas jovens e as espécies menos tolerantes ao sal, comprometendo assim a regeneração natural dos mangais. O El Niño também está frequentemente associado a aumentos de temperatura. Embora os mangais sejam tolerantes às variações de temperatura, podem sofrer um stress térmico significativo durante os episódios de calor extremo. Este stress pode reduzir a fotossíntese e o crescimento das plantas, enfraquecendo a estrutura e a função do ecossistema dos mangais. Além disso, as alterações nos regimes de vento durante os períodos de El Niño podem intensificar a erosão costeira. Ventos mais fortes aumentam a força das ondas, levando a uma maior erosão das costas onde se encontram os mangais. Esta erosão pode danificar as raízes dos mangais, reduzindo a sua estabilidade e capacidade de reprodução. O El Niño também influencia o nível do mar, provocando por vezes a sua subida temporária. Estas flutuações do nível do mar podem submergir excessivamente os mangais, perturbando os ciclos de maré a que estão adaptados. As inundações prolongadas podem levar à mortalidade das plantas e a alterações na composição das espécies. Apesar destes desafios, os mangais estão a mostrar um certo grau de resiliência face às variações climáticas induzidas pelo El Niño. Algumas espécies possuem mecanismos de adaptação, como a produção de raízes aéreas para respirar melhor em caso de inundações prolongadas. No entanto, o aumento da frequência dos fenómenos El Niño poderá ultrapassar a capacidade de adaptação destes ecossistemas, pondo em risco a sua estabilidade a longo prazo. No entanto, os impactos do El Niño nos mangais da lagoa do Tadio têm implicações importantes para a conservação. A degradação dos mangais afecta não só a biodiversidade local, mas também os serviços ecossistémicos que prestam, como a proteção contra a erosão e o armazenamento de carbono. Por conseguinte, são necessárias estratégias de gestão adequadas para tornar estes ecossistemas mais resistentes às alterações climáticas.

3- Processos de crescimento, regeneração e mortalidade dos mangais

3- 1- Reprodução sexuada dos mangais

A reprodução sexual dos mangais da lagoa do Tadio é um processo biológico complexo e fascinante que permite a estas árvores notáveis perpetuarem-se e manterem a sua presença vital neste ecossistema costeiro único. A reprodução sexual nos mangais envolve a produção de flores e sementes, bem como a sua dispersão e germinação. As flores dos mangais são geralmente pequenas e pouco espectaculares, mas desempenham um papel essencial na reprodução, atraindo polinizadores e permitindo a fertilização. No mangue-vermelho, a reprodução sexuada começa com a formação de flores nos ramos da árvore. Após a polinização, as flores desenvolvem-se em frutos alongados chamados propágulos, que contêm uma única semente. Os propágulos são capazes de germinar e desenvolver-se numa nova árvore enquanto ainda estão ligados à árvore-mãe. Esta estratégia de reprodução é particularmente adequada às condições da lagoa do Tadio, onde os solos lamacentos e instáveis dificultam a germinação e o enraizamento das sementes. O mangue-preto adopta uma abordagem ligeiramente diferente em relação à reprodução sexual. As flores desta espécie desenvolvem-se em cachos nos ramos e, após a polinização, dão origem a cápsulas contendo numerosas sementes. Ao contrário dos propágulos do mangue-vermelho, as sementes do mangue-preto são libertadas na água e podem flutuar durante várias semanas antes de se fixarem e germinarem num ambiente favorável. Por fim, o mangue branco distingue-se pelas suas flores brancas e perfumadas, que atraem os insectos polinizadores. Após a fecundação, as flores transformam-se em frutos redondos que contêm várias sementes. As sementes do mangue branco também se dispersam pela água, mas germinam rapidamente após serem expostas ao ar e à luz solar. A reprodução sexuada nos mangais da lagoa do Tadio é um processo essencial para a manutenção da diversidade deste ecossistema costeiro.

As diferentes estratégias de reprodução adoptadas pelas espécies de mangue ilustram a sua notável capacidade de adaptação a condições ambientais difíceis e em constante mudança.

3- 2-Regeneração a partir de cepos de mangais

A regeneração de cepos nos mangais é um processo biológico notável que permite que estas árvores recuperem e se multipliquem após perturbações naturais ou humanas. Esta capacidade de regeneração é essencial para manter a saúde, a resiliência e a biodiversidade dos ecossistemas de mangais em todo o mundo. Os mangais são árvores adaptadas à vida em zonas costeiras salgadas e lamacentas, e enfrentam muitos desafios ambientais, como tempestades, inundações, secas e marés. Para ultrapassar estes constrangimentos e garantir a sua sobrevivência, os mangais desenvolveram várias estratégias de regeneração, incluindo a regeneração de cepos. A regeneração de cepos, também conhecida como brotamento de cepos ou sucção, é um processo pelo qual novos rebentos ou caules emergem da base de uma árvore danificada ou cortada. Estes novos rebentos, chamados rebentos, são geneticamente idênticos à árvore-mãe e podem desenvolver-se em árvores novas e independentes. A regeneração a partir de cepos é comum em muitas espécies de mangue, incluindo o mangue-vermelho (Rhizophora mangle), o mangue-preto (Avicennia germinans) e o mangue-branco (Laguncularia racemosa). O mangue-vermelho, por exemplo, é conhecido pela sua capacidade de produzir abundantes rebentos de troncos depois de ser danificado ou cortado. As raízes adventícias, que se formam nas partes inferiores do caule da árvore, desempenham um papel fundamental neste processo. Quando o caule é cortado ou partido, as raízes adventícias permanecem ancoradas no solo e fornecem os nutrientes e a água necessários para o crescimento de novos rebentos. O mangue-preto e o mangue-branco também têm a capacidade de se regenerar a partir de cepos, embora os mecanismos subjacentes possam variar ligeiramente. Em todos os casos, a regeneração a partir de cepos oferece aos mangais várias vantagens ecológicas e evolutivas. Em primeiro lugar, permite que as árvores recuperem rapidamente das perturbações, reduzindo a vulnerabilidade do ecossistema às pressões ambientais e às invasões biológicas. Além disso, a regeneração a partir de cepos contribui para a propagação vegetativa dos mangais, aumentando a densidade e a cobertura das florestas de mangue. No entanto, é importante notar que a regeneração de cepos nem sempre pode compensar a perda de árvores e florestas de mangue. As perturbações em grande escala, como a desflorestação e o desenvolvimento costeiro, podem exceder a capacidade de regeneração dos mangais, com graves consequências ecológicas e socioeconómicas. A conservação e a recuperação dos ecossistemas de mangais devem, por conseguinte, constituir uma prioridade absoluta, a fim de preservar a sua beleza, biodiversidade e serviços ecossistémicos de valor inestimável. Em suma, a regeneração a partir de cepos de mangais é um processo fascinante e essencial que testemunha a resiliência e a adaptabilidade destas árvores excepcionais. Ao compreendermos e apreciarmos os mecanismos de regeneração dos mangais, podemos reforçar o nosso compromisso de os proteger e preservar para as gerações futuras.

Conclusão

A conclusão deste capítulo destaca os efeitos significativos das alterações hidroclimáticas sobre os mangais da lagoa do Tadio. Em primeiro lugar, a análise dos parâmetros climáticos revelou alterações mensais e interanuais da precipitação e da temperatura, indicando uma variação das condições climáticas que afecta diretamente os ecossistemas. Ao mesmo tempo, as condições hidrológicas, ilustradas pelas variações da evapotranspiração potencial e efectiva, mostram uma dinâmica complexa influenciada por variações sazonais. Em seguida, foi examinada a influência dos fenómenos oceânicos, como a salinidade, a acidez e as correntes marinhas. Estes factores não só modificam a composição química da água, como também têm um impacto no transporte de nutrientes e sedimentos, contribuindo assim para a erosão costeira. A evolução interanual destes fenómenos, nomeadamente as variações das marés e do El Niño, desempenha um papel crucial na dinâmica dos mangais. Por último, os índices oceânicos influenciam os processos biológicos, como a reprodução e a regeneração dos mangais, sublinhando a importância da estabilidade ambiental para a sua sobrevivência. Em suma, as alterações hidroclimáticas e oceânicas combinadas estão a exercer uma pressão crescente sobre os mangais da lagoa do Tadio, exigindo estratégias de gestão adequadas para preservar estes ecossistemas vitais.

Capítulo 3: Pressões antropogénicas e estratégias de preservação dos mangais

Introdução

A lagoa de Tadio, situada na costa ocidental de África, é um ecossistema ecologicamente rico onde os mangais ajudam a proteger a costa e a manter o equilíbrio ambiental. No entanto, a urbanização e o desenvolvimento agrícola em torno da lagoa minaram este ecossistema. A expansão urbana e a construção de infra-estruturas foram muitas vezes efectuadas à custa dos mangais, poluindo a água e o solo com resíduos urbanos. A agricultura intensiva também destruiu os mangais para libertar espaço para o cultivo, afectando a sua superfície e a qualidade da água através da utilização de pesticidas. Perante esta situação, a preservação destes mangais é fundamental, tanto mais que são eles que sustentam a vida das populações locais. Para além disso, a utilização cultural e doméstica dos recursos dos mangais pelas comunidades envolventes requer uma análise aprofundada. A primeira secção explora as crenças e práticas tradicionais associadas aos mangais, enquanto a segunda examina as utilizações económicas e artesanais destes recursos. Por último, é importante prever as perspectivas de utilização futura, a fim de assegurar uma gestão sustentável dos mangais para as gerações locais. No entanto, ameaças como a pesca não sustentável, a aquicultura, a desflorestação e a produção de madeira e carvão vegetal estão a ter um impacto negativo nestes ecossistemas e nos meios de subsistência das comunidades. Tendo isto em mente, é necessário promover estratégias de conservação, tais como práticas de pesca sustentáveis, rotação de áreas de colheita de madeira e métodos de reflorestação. Estas iniciativas devem incluir a formação das comunidades para reforçar a sua capacidade de gestão sustentável, apoiando assim a resiliência ecológica e económica da lagoa do Tadio.

I - Impactos das actividades humanas nos mangais de Tadio

1- A urbanização na dinâmica dos mangais da lagoa do Tadio

1- 1- Expansão urbana em torno da lagoa do Tadio

O crescimento da população em torno da lagoa do Tadio tem sido gradual, alimentado por uma série de factores. Em primeiro lugar, a localização rural da lagoa atraiu pessoas que procuram escapar à azáfama das cidades para tirar partido das oportunidades agrícolas e pecuárias oferecidas pela região. Além disso, a erosão costeira em Lahou-Pkanda levou alguns residentes a migrar para zonas mais seguras, contribuindo para o crescimento da população na zona circundante. Além disso, a própria lagoa é um pólo de atração graças aos seus recursos haliêuticos, ao transporte fluvial e às oportunidades comerciais. Além disso, a tranquilidade da região e o potencial turístico de aldeias como Lozoua também contribuem para esta dinâmica.

Quanto ao êxodo urbano, este reforçou o crescimento demográfico da zona, atraindo habitantes em busca de perspectivas económicas e de uma melhoria das infra-estruturas locais. Este aumento demográfico, embora economicamente vantajoso, gerou um aumento da pressão ambiental, nomeadamente uma deterioração da qualidade da água da lagoa devido à poluição e à sobre-exploração dos recursos, afectando tanto a biodiversidade como a saúde humana. Por conseguinte, o crescimento demográfico em torno da lagoa do Tadio, apoiado por diversos factores, tem efeitos benéficos para o desenvolvimento económico e um impacto complexo na sustentabilidade ambiental.

1- 2- Dinamismo da expansão urbana na zona da lagoa do Tadio de 1990 a 2022

A nossa área de estudo é uma região rica em recursos naturais, que registou um rápido crescimento populacional nas últimas décadas. Para melhor compreender as mudanças que ocorreram nesta região, foi efectuada uma análise do mapa de ocupação do solo em 1990, 2010 e 2022. Os resultados desta análise revelaram uma mudança notável no uso do solo na região, com baixo uso do solo em 1990, médio uso do solo em 2010 e alto uso humano do solo em 2022.

> Urbanização ainda limitada em 1990

[2]Em 1990, a urbanização em torno da lagoa do Tadio estava ainda numa fase embrionária, caracterizada por terrenos nus ou utilizados para habitação que se estendiam por 13 km. Esta expansão urbana limitada reflecte uma época em que a pressão humana sobre o ambiente era limitada. As actividades humanas centravam-se principalmente em estilos de vida tradicionais, com infra-estruturas mínimas. Esta situação pode ser explicada por uma zona relativamente estável e escassamente povoada, por actividades económicas centradas na agricultura e na pesca e por um desenvolvimento modesto das infra-estruturas. O impacto ambiental, nomeadamente nos ecossistemas de mangais, era provavelmente mínimo nesta altura, permitindo que os ambientes naturais da lagoa se desenvolvessem sem grandes perturbações.

Mapa 8: Utilização do solo em 1990

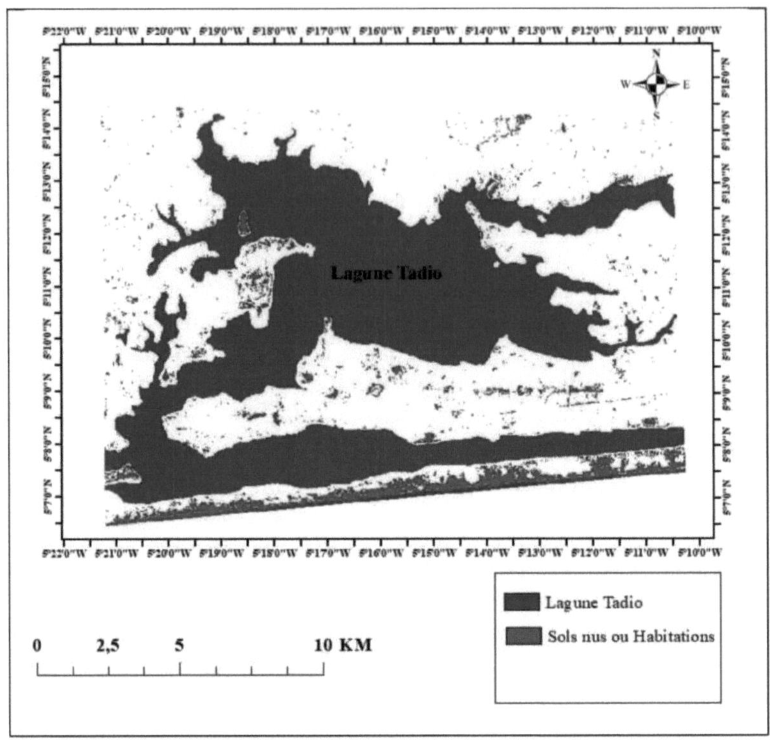

Fonte: Landsat 4-5-TM / Produção: Kouadio Romaric 2022

➢ 2000 uma paisagem urbana em mutação

[2]Em 2000, registou-se um aumento significativo da urbanização, com a extensão das áreas residenciais ou de terra nua a atingir agora 28 km. Este crescimento da urbanização, quase o dobro do registado em 1990, indica uma aceleração do desenvolvimento urbano na região. Esta expansão pode ser atribuída a vários factores: o crescimento demográfico e uma mudança nas actividades económicas que exigem mais espaço construído. Esta fase marca uma transição em que o impacto humano no ambiente se torna mais palpável, afectando provavelmente de forma mais significativa os habitats naturais. A gestão do território e dos recursos naturais torna-se assim uma questão crucial para a sustentabilidade dos ecossistemas circundantes, nomeadamente para os mangais que bordejam a lagoa.

Mapa 9: Utilização do solo em 2000

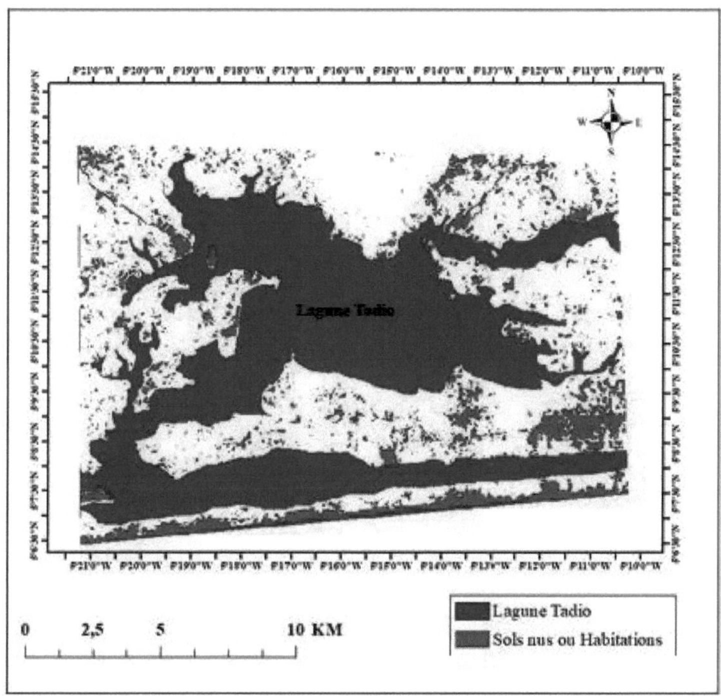

Fonte: Landsat 7-TM / Produção: Kouadio Romaric 2022

➢ 2022 intensificação da urbanização

A urbanização intensificada em 2022, marcada por um aumento da terra nua ou da habitação (9894 hectares representando 5% da superfície), é justificada por vários factores interligados. Em primeiro lugar, o crescimento demográfico conduziu a um aumento da necessidade de habitação, que por sua vez levou à expansão das zonas habitadas em detrimento dos mangais. Em segundo lugar, o crescimento económico favoreceu o desenvolvimento de infra-estruturas, muitas vezes sem ter suficientemente em conta a preservação destes ecossistemas. Além disso, a ausência de uma regulamentação rigorosa em matéria de conservação permitiu a exploração dos mangais, facilitando a construção e as actividades humanas. Por último, as alterações climáticas agravam a degradação dos mangais, tornando-os mais vulneráveis às pressões humanas e contribuindo indiretamente para a sua redução em benefício da urbanização.

Mapa 10: Utilização do solo em 2022

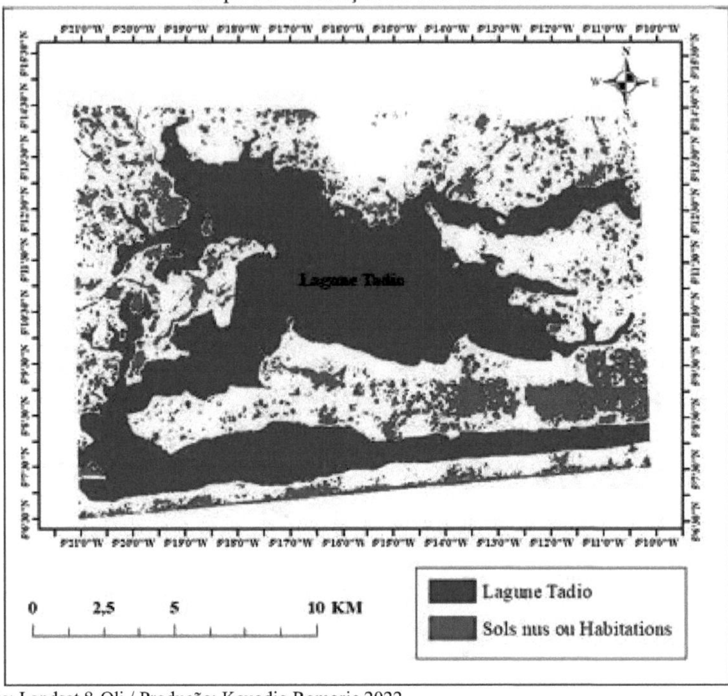

Fonte: Landsat 8-Oli / Produção: Kouadio Romaric 2022

1- 3-Impactos diretos e indirectos da urbanização nos mangais

A urbanização e a desflorestação são dois fenómenos interligados com impactos significativos sobre os mangais da lagoa do Tadio. De facto, os nossos inquéritos de campo revelaram os efeitos da expansão urbana, que conduz a uma elevada procura de madeira, resultando na sobre-exploração dos mangais. Além disso, os resíduos e a poluição gerados pela urbanização estão a degradar a qualidade da água e do solo, comprometendo assim a saúde destes ecossistemas.

A desflorestação é também um fator crucial na perda de habitats, com as áreas de mangais convertidas em terras agrícolas ou exploradas para a produção de madeira. Esta situação conduz à fragmentação dos habitats, com consequências nefastas para a biodiversidade e para as comunidades locais que dependem destes recursos.

No que diz respeito à poluição da água, a urbanização aumenta os resíduos e as águas residuais, provocando bloqueios e proliferação de algas nocivas, que perturbam os ecossistemas aquáticos. Esta poluição afecta a biodiversidade e os recursos disponíveis para as comunidades locais, que dependem frequentemente da pesca e da agricultura.

A urbanização também perturba a flora e a fauna, conduzindo a uma perda de biodiversidade através da fragmentação dos habitats naturais. A poluição sonora e luminosa, bem como a poluição atmosférica, também afectam o comportamento das espécies animais e vegetais.

Por último, verificámos que a urbanização modifica o regime hidrológico e a salinidade dos ecossistemas de mangais. A construção interrompe os fluxos naturais de água, levando à estagnação e à redução do fornecimento de água doce, o que, combinado com o aumento da procura para necessidades domésticas e agrícolas, causa a intrusão de água salgada. Estas perturbações alteram os processos ecológicos e comprometem a saúde das espécies que vivem nestes ecossistemas, afectando assim a qualidade da água e do solo.

Foto 2: Área de mangue degradada

2- Influência das actividades humanas nos mangais de Tadio

2- 1- Desenvolvimento agrícola da região lagunar do Tadio

A zona da lagoa do Tadio apresenta uma diversidade de culturas, influenciada pelas condições ecológicas e económicas locais. Por um lado, dominam as culturas alimentares, incluindo o arroz em zonas propensas a inundações, enquanto a mandioca e o inhame se encontram em terrenos mais elevados. O plátano e o milho são cultivados em pousio ou em associação. As culturas hortícolas, como o tomate e a beringela, prosperam em terrenos irrigados. Algumas culturas de rendimento, embora menos difundidas, incluem a borracha, o cacau e o óleo de palma, cultivados em terrenos mais elevados.

Em termos de práticas agrícolas, a região é predominantemente caracterizada pela agricultura familiar tradicional e pela utilização de ferramentas manuais. No entanto, iniciativas recentes introduziram técnicas agro-ecológicas, promovendo a sustentabilidade ambiental através da rotação de culturas e da utilização de composto. Assim, estas novas práticas têm como objetivo melhorar a produtividade e preservar a biodiversidade da lagoa.

Quanto ao impacto da agricultura na utilização dos solos, esta parece ter uma influência significativa, nomeadamente nos mangais. Estes ecossistemas, valiosos pelos seus serviços de proteção costeira e de sequestro de carbono, estão ameaçados pela expansão agrícola. A expansão de culturas como o milho e a mandioca, bem como as plantações de culturas de rendimento, conduz à limpeza das terras, o que reduz o coberto florestal. Como resultado, os solos de mangue cultivados intensivamente estão a perder a sua fertilidade, colocando em risco os meios de subsistência das populações locais. Estas dependem dos mangais para a pesca e a agricultura de subsistência. Além disso, a monocultura pode afetar a segurança alimentar ao limitar a diversidade dos regimes alimentares locais.

2- 2- Pobreza e sobre-exploração dos recursos

As comunidades locais da lagoa do Tadio dependem fortemente dos mangais para alimentação, rendimento e proteção contra catástrofes naturais. Estes ecossistemas fornecem peixes, crustáceos e moluscos essenciais para o consumo e comércio locais, bem como oferecem uma fonte de rendimento através da pesca e da recolha de produtos florestais não lenhosos. Além disso, as raízes dos mangais estabilizam o solo, reduzem a erosão e protegem contra tempestades e inundações. Estas florestas têm também um valor cultural, sendo locais de culto para as populações locais.

No entanto, esta dependência conduz a práticas de pesca e de aquicultura insustentáveis, como a sobrepesca e a criação intensiva de camarão, que afectam a biodiversidade e a capacidade de os mangais prestarem serviços ecossistémicos, conduzindo à poluição da água e dos solos. Por outro lado, a adoção de métodos sustentáveis, como a pesca com redes de emalhar ou a aquicultura integrada, poderia preservar estes recursos.

Além disso, a sobrepesca e a destruição dos habitats de reprodução nos mangais comprometem a regeneração das espécies marinhas, perturbando o equilíbrio ecológico e reduzindo a biodiversidade. A apanha excessiva de moluscos também tem repercussões semelhantes, ameaçando a sustentabilidade destes ecossistemas. A introdução de quotas e de práticas de apanha respeitadoras do ambiente contribuiria para minimizar estes impactos. Por último, o incentivo ao consumo local e aos circuitos de comercialização sustentáveis permitiria reforçar a economia local e reduzir os impactos ambientais, promovendo assim uma gestão equilibrada dos recursos naturais dos mangais da lagoa do Tadio.

2- 3- Os efeitos diretos da sobre-exploração na comunidade local

Em primeiro lugar, a sobre-exploração dos recursos dos mangais na lagoa do Tadio está a comprometer a sua produtividade, reduzindo o rendimento das comunidades locais. Estes ecossistemas albergam uma variedade de espécies marinhas essenciais para a subsistência da população local, mas a pesca e a colheita excessivas estão a perturbar as cadeias alimentares, reduzindo a produtividade global. Além disso, o corte excessivo de árvores para a produção de madeira reduz a capacidade dos mangais para armazenar carbono e fornecer nutrientes às espécies marinhas, afectando indiretamente o rendimento da pesca e da apanha de marisco.

Em segundo lugar, a sobre-exploração leva à perda da proteção natural contra as tempestades e as ondas, pondo em risco as terras e propriedades vizinhas. As raízes e os troncos dos mangais, ao formarem uma barreira natural, atenuam normalmente a força das ondas, protegendo as zonas costeiras contra a erosão. No entanto, a redução da densidade dos mangais está a enfraquecer esta proteção, aumentando o risco de inundações e danos. Por último, esta degradação tem consequências económicas e sociais, uma vez que a erosão e as catástrofes naturais causam a perda de meios de subsistência dos pescadores, dos agricultores e dos proprietários de terras, ameaçando a segurança das comunidades locais.

3- Utilização dos mangais da lagoa do Tadio pela população local

3- 1- Utilização doméstica dos mangais da lagoa do Tadio

A utilização da madeira de mangue nas zonas costeiras é de importância vital para as populações locais, que a utilizam tanto para a construção como para o aquecimento. As comunidades utilizam este material em técnicas arquitectónicas tradicionais adaptadas às condições específicas das regiões costeiras. Graças à sua resistência e durabilidade - conferidas pelos taninos naturais - a madeira de mangue é ideal para estruturas capazes de resistir às intempéries e às agressões marinhas. Além disso, a sua elevada densidade e o seu baixo teor de humidade fazem dela um combustível eficaz para cozinhar e aquecer, contribuindo para reduzir o consumo de madeira. No entanto, o abate desordenado pode prejudicar o ecossistema da lagoa do Tadio.

Ao mesmo tempo, a aquicultura dos mangais, também conhecida como "silvicultura marinha", oferece perspectivas encorajadoras para a segurança alimentar e o desenvolvimento económico local. Contribui para enriquecer a dieta das populações e proporciona uma fonte de rendimento através da venda de produtos da aquicultura. As folhas e a casca dos mangais desempenham um papel crucial nesta atividade, fornecendo isco e nutrientes para as explorações piscícolas, bem como material para o equipamento de pesca. Desta forma, a aquacultura promove a gestão sustentável dos mangais, valorizando este ecossistema e satisfazendo as necessidades das comunidades locais.

3- 2- Usos artesanais dos mangais na lagoa do Tadio

Nas regiões costeiras da Costa do Marfim, os mangais da lagoa de Tadio constituem uma preciosa fonte de madeira, utilizada pelos artesãos locais para criar uma grande variedade de produtos, tais como mobiliário e esculturas. A madeira dos mangais, valorizada pela sua durabilidade e resistência, é trabalhada segundo técnicas tradicionais que revelam a habilidade dos entalhadores e marceneiros. A criação de peças de mobiliário únicas, adornadas com veios e nuances naturais, ilustra a perícia destes artesãos. Quanto às esculturas, estas dão corpo a uma forma de arte popular com personagens, animais e motivos abstractos, ao mesmo tempo que promovem a cultura local através de exposições na Costa do Marfim e noutros locais.

Para além dos produtos de madeira, os artesãos da região exploram também os recursos não lenhosos dos mangais, como as folhas para cestaria e as cascas para tinturaria, o que testemunha a riqueza do património artesanal local. As folhas, por exemplo, são transformadas em objectos utilitários e decorativos através de técnicas de tecelagem, enquanto a casca oferece uma paleta de cores naturais utilizadas para tingir têxteis. As raízes, com as suas formas caraterísticas, são também utilizadas para fazer jóias e decorações, como parte do artesanato local e uma homenagem à paisagem costeira.

Os mangais são também conhecidos pelas suas propriedades medicinais. Espécies como a *Rhizophora mangle e a Avicennia germinans* são utilizadas para tratar uma série de doenças, graças às suas folhas, cascas e raízes, cujos efeitos benéficos foram comprovados. Por último, os métodos de preparação e de administração destes remédios variam em função dos sintomas, incluindo decocções, pós e macerações, que exploram os princípios activos das plantas de forma orientada. As decocções, por exemplo, são utilizadas para tratar problemas digestivos, enquanto os pós e as macerações são utilizados para tratar dores musculares e inflamações, adaptando-se às necessidades dos utilizadores e perpetuando o conhecimento tradicional.

II- Estratégias de preservação dos mangais da lagoa do Tadio

1- Influência dos factores culturais na utilização dos mangais da lagoa do Tadio

1- 1- Crenças e práticas tradicionais associadas aos mangais

Os mangais da lagoa do Tadio são ecossistemas que proporcionam muitos benefícios culturais às comunidades locais para rituais e cerimónias locais. De facto, estes mangais são locais sagrados para muitas comunidades locais. Os povos indígenas e as comunidades costeiras têm uma relação estreita com os mangais, que são frequentemente considerados como locais de nascimento, descanso eterno e comunicação com os antepassados. Os mangais estão também associados a espíritos e divindades, que são venerados e invocados durante rituais e cerimónias. Os mangais também fornecem muitos recursos naturais utilizados em rituais e cerimónias locais. As folhas, a casca, as raízes e os frutos das árvores dos mangais são utilizados para fazer medicamentos tradicionais, tintas, perfumes e incenso. Os moluscos, crustáceos e peixes dos mangais são também utilizados em oferendas e refeições rituais. Os mangais são também locais de transmissão da cultura e dos conhecimentos tradicionais. Os rituais e as cerimónias são muitas vezes oportunidades para os membros da comunidade se reunirem, partilharem histórias e lendas e transmitirem conhecimentos sobre plantas medicinais, práticas sustentáveis de pesca e colheita e a relação entre os seres humanos e a natureza. Finalmente, o papel dos mangais nos rituais e cerimónias locais pode contribuir para a conservação e recuperação destes ecossistemas vitais. As comunidades locais que têm uma relação próxima com os mangais são frequentemente mais susceptíveis de os proteger e gerir de forma sustentável. Os rituais e as cerimónias também podem reforçar os laços sociais e a coesão da comunidade, o que pode facilitar a criação de projectos de conservação e recuperação de mangais.

Paralelamente, temos os tabus e as proibições, que são práticas culturais e sociais que regem o uso e a exploração dos recursos naturais em muitas comunidades do mundo. Os mangais da lagoa do Tadio não são exceção a esta regra. Os tabus e proibições desempenham um papel importante na conservação e gestão sustentável dos mangais da lagoa do Tadio. As comunidades locais têm frequentemente um conhecimento profundo do seu ambiente natural e dos recursos aí disponíveis. Os tabus e proibições podem, portanto, refletir este conhecimento e ser usados para proteger as espécies e habitats mais vulneráveis. Por exemplo, algumas comunidades da lagoa do Tadio têm tabus contra o corte de certas árvores de mangal, porque são consideradas sagradas ou abrigam espíritos. Estes tabus ajudam a preservar a biodiversidade dos mangais e a manter a saúde do ecossistema. Além disso, os tabus e as proibições ajudam a reduzir os conflitos e as tensões ligados à utilização e à exploração dos mangais da lagoa do Tadio. As comunidades locais têm frequentemente interesses e necessidades diferentes relativamente à utilização dos mangais. Os tabus e proibições também ajudam a estabelecer regras e normas claras para a utilização dos recursos, o que pode reduzir conflitos e tensões entre diferentes grupos de utilizadores. Por exemplo, algumas comunidades na lagoa do Tadio têm tabus contra a pesca em certas áreas de mangais, uma vez que estas áreas são consideradas zonas de desova ou viveiros de peixes. Estes tabus ajudam a proteger os recursos haliêuticos e a reduzir os conflitos entre os pescadores e outros utilizadores dos mangais. Por último, os tabus e proibições são muitas vezes mal compreendidos ou mal aplicados, conduzindo a práticas insustentáveis de utilização dos recursos, e são influenciados por factores externos como a urbanização e as alterações climáticas, o que enfraquece a sua eficácia e relevância.

1- 2- Conhecimentos tradicionais sobre a biodiversidade dos mangais

Os mangais da lagoa do Tadio têm um valor cultural e espiritual essencial para as comunidades locais, que praticam oferendas e rituais de proteção e de fertilidade. Estas tradições ancestrais, que fazem parte integrante do seu quotidiano, procuram a bênção dos espíritos para assegurar a fertilidade dos solos e a produtividade dos recursos haliêuticos. As oferendas incluem vários presentes, acompanhados de orações e cânticos, enquanto os rituais, organizados antes das estações das chuvas e da pesca, envolvem danças e bênçãos para proteger os mangais dos espíritos malévolos. Estas práticas, orientadas por líderes espirituais, reforçam a ligação com o ambiente natural e perpetuam os valores culturais, apesar da influência crescente da modernização e da globalização, que está a minar o apego dos jovens a estas tradições.

Além disso, as proibições consuetudinárias definem os períodos e as áreas em que os mangais podem ser explorados para garantir a sua sustentabilidade. Estas restrições, entendidas como sagradas, têm como objetivo manter o equilíbrio ecológico, limitando a exploração dos recursos a determinadas épocas e partes dos mangais. Desta forma, asseguram a preservação da biodiversidade e reforçam os laços sociais no seio das comunidades. No entanto, a influência das culturas ocidentais e a pressão demográfica estão a tornar a sua aplicação mais complexa, ameaçando a transmissão destas práticas ancestrais.

1- 3- As questões e desafios da preservação dos usos culturais dos manguezais da lagoa do Tadio

Os mangais da lagoa do Tadio estão entre os ecossistemas ameaçados por várias pressões antropogénicas, como a desflorestação, a poluição e as alterações climáticas. A preservação das utilizações culturais dos mangais constitui, por conseguinte, um desafio importante para a conservação destes ecossistemas e para a manutenção das práticas e dos conhecimentos tradicionais das comunidades locais. Em primeiro lugar, as utilizações culturais dos mangais estão intimamente ligadas à identidade e à coesão social das comunidades locais. Os mangais são locais de práticas rituais, de cerimónias e de transmissão de conhecimentos e valores entre gerações. A perda ou degradação destes locais pode, por conseguinte, ter um impacto importante na identidade e coesão social das comunidades e na sua capacidade de manter as suas práticas e conhecimentos tradicionais. Em segundo lugar, as utilizações culturais dos mangais estão também estreitamente ligadas à segurança alimentar e à economia local das comunidades. Os mangais são importantes zonas de pesca e de colheita para as comunidades locais, fornecendo-lhes recursos haliêuticos e produtos florestais não lenhosos, como o mel, as folhas e a casca. A perda ou degradação destas áreas pode, por conseguinte, ter um impacto importante na segurança alimentar e na economia local das comunidades, bem como na sua capacidade de manter as práticas e conhecimentos tradicionais associados a estas actividades. No entanto, a preservação das utilizações culturais dos mangais constitui um grande desafio, devido às várias pressões antropogénicas que ameaçam estes ecossistemas. A desflorestação, a poluição e as alterações climáticas são factores que podem ter um grande impacto na biodiversidade e nos recursos naturais dos mangais e, por conseguinte, nas utilizações culturais das comunidades locais. A preservação das utilizações culturais dos mangais constitui igualmente um desafio devido à falta de reconhecimento e de promoção dessas utilizações e dos conhecimentos tradicionais por parte dos agentes económicos e dos decisores políticos. As utilizações culturais dos mangais são muitas vezes consideradas secundárias em relação às utilizações económicas, como a produção de camarão ou de lenha, e são por isso pouco consideradas nas políticas e projectos de desenvolvimento. Por último, a preservação das utilizações culturais dos mangais é um desafio devido ao baixo nível de envolvimento e participação das comunidades locais nos processos de decisão e de gestão destes ecossistemas. As comunidades locais não são frequentemente consultadas ou envolvidas em projectos de desenvolvimento e conservação dos mangais, o que pode ter um impacto significativo na sua capacidade de manter as suas práticas e conhecimentos tradicionais ligados a estes ecossistemas.

2- Quadro ambiental e regulamentar para a preservação dos mangais da lagoa do Tadio

2- 1- Código do Ambiente da Costa do Marfim e suas disposições relativas à preservação dos mangais

As disposições gerais do Código do Ambiente da Costa do Marfim (Lei n.º 96-766 de 3 de outubro de 1996) estabelecem um quadro jurídico que visa a preservação sustentável dos ecossistemas. Por um lado, prevê que qualquer degradação dos meios naturais, terrestres ou aquáticos, deve ser evitada, com medidas específicas para as florestas, as zonas húmidas, os mangais e as costas. Por outro lado, qualquer atividade humana com um impacto potencial sobre estes ecossistemas deve ser objeto de uma avaliação prévia (artigo 39.º), a fim de minimizar os danos. Além disso, a luta contra a poluição (artigo 57.º) estende-se a todos os domínios para limitar a contaminação do ar, da água e do solo, nomeadamente nas zonas ricas em biodiversidade. Além disso, a lei proíbe a destruição das espécies protegidas (artigo 72.º), exceto mediante autorização científica excecional, e impõe a reabilitação dos ecossistemas degradados (artigo 85.º). Este código estabelece, portanto, regras rigorosas para garantir uma gestão ecológica em benefício das gerações actuais e futuras.

Os mangais beneficiam de uma maior proteção no âmbito do Código do Ambiente, que inclui medidas de salvaguarda específicas. Em primeiro lugar, os artigos do capítulo III regulam estritamente as actividades costeiras e exigem uma avaliação ambiental (art. 39). O capítulo IV proíbe qualquer desflorestação ou degradação e o artigo 88º enquadra os projectos económicos, exigindo estudos de impacto para evitar alterações. Além disso, o Plano Nacional de Ação para o Ambiente (PNAE) e o Decreto n.º 2015-537 reforçam estas disposições, incluindo orientações para a restauração e conservação dos mangais em colaboração com as comunidades locais.

O Código prevê igualmente a participação das populações locais na gestão dos mangais, envolvendo estas comunidades na monitorização, proteção e gestão sustentável destes ecossistemas sensíveis (artigo 65º). O objetivo desta participação é reforçar as capacidades locais e valorizar os conhecimentos tradicionais, para uma gestão ecológica e economicamente viável dos mangais, respeitando a sua biodiversidade e importância para as gerações futuras.

2- 2- Outras leis e regulamentos nacionais relevantes para a gestão dos mangais

A legislação e os regulamentos nacionais sobre a gestão da zona costeira na Costa do Marfim fornecem um quadro jurídico abrangente para a proteção dos ecossistemas vulneráveis. Por um lado, o Decreto n.º 2015-537 exige avaliações ambientais para os projectos que afectam as zonas costeiras, com o objetivo de limitar o impacto da agricultura, da urbanização e da exploração dos recursos naturais. Ao mesmo tempo, a Lei 2015-532, ou Código do Mar, estabelece um quadro para a exploração dos recursos marinhos e costeiros, impondo sanções em caso de poluição e sobrepesca. Além disso, o Plano Nacional de Gestão Integrada da Zona Costeira (PNGIZC) coordena a gestão sustentável em parceria com organismos internacionais, incentivando a participação local. Por último, o Código do Ambiente de 2014 reforça a proteção dos ecossistemas costeiros face às alterações climáticas.

Quanto aos textos relativos à luta contra as alterações climáticas, o Código do Ambiente, estabelecido pela Lei n.º 96-766, introduz normas para a gestão dos recursos naturais e a redução das emissões. De seguida, a Lei n.º 2014-390 sobre a Transição Energética promove as energias renováveis e a eficiência energética, limitando assim as emissões de gases com efeito de estufa. Além disso, a Lei n.º 2019-700 protege as florestas e evita a desflorestação, contribuindo assim para o sequestro de carbono. Da mesma forma, a Estratégia Nacional de Desenvolvimento Sustentável (Stratégie Nationale de Développement Durable - SNDD) visa alcançar o crescimento em harmonia com a preservação ambiental, enquanto o Plano Nacional de Adaptação às Alterações Climáticas (Plan National d'Adaptation au Changement Climatique - PNA) propõe medidas específicas para sectores vulneráveis. Por último, as normas técnicas que regem as avaliações de impacto ambiental garantem que os projectos respeitam os critérios climáticos e ambientais, impondo medidas corretivas para reduzir eventuais efeitos negativos.

III - Mecanismo de preservação dos mangais da lagoa do Tadio e

perspectivas

1- Mecanismo de preservação dos mangais da lagoa do Tadio

1- 1- Acções comunitárias para preservar os mangais da lagoa do Tadio

Os mangais da lagoa do Tadio são ecossistemas cruciais para a biodiversidade e para as comunidades locais. Por um lado, o reforço das capacidades das populações locais através da formação em pesca sustentável, gestão de resíduos e recuperação de mangais permite-lhes desempenhar um papel ativo na preservação destes ecossistemas. Este processo, frequentemente apoiado por ONG e agências locais, implica a integração de práticas sustentáveis e a sensibilização para os benefícios dos mangais para a biodiversidade e os recursos locais. Por outro lado, a capacitação das comunidades, nomeadamente através da criação de comités de gestão comunitária e do reconhecimento dos direitos consuetudinários à terra, incentiva a tomada de decisões informadas e promove actividades económicas sustentáveis, como o ecoturismo. Esta abordagem também reforça a governação local e reduz os conflitos sobre a gestão dos recursos naturais.

No entanto, a aquicultura e as práticas de pesca sustentáveis são essenciais para a preservação da biodiversidade da lagoa do Tadio. A criação de zonas de pesca protegidas e a formação dos pescadores em técnicas menos destrutivas, como a utilização de redes adaptadas, limitam a sobre-exploração dos recursos. No domínio da aquicultura, a integração de sistemas eco-responsáveis, incluindo a utilização de espécies locais e a redução da poluição, contribui para a manutenção de um equilíbrio ecológico. No entanto, para que estas práticas sejam sustentáveis, devem ser integradas em estratégias de desenvolvimento global que abordem simultaneamente questões como a pobreza e as alterações climáticas.

Por último, a formação e a sensibilização da comunidade para as questões relacionadas com a preservação dos mangais são cruciais. A implementação de programas de formação em gestão sustentável, recuperação ambiental e monitorização de ecossistemas, concebidos em consulta com as comunidades, ajuda a ancorar práticas sustentáveis. A sensibilização das populações locais para os benefícios económicos e ambientais dos mangais também reforça o seu empenho na preservação deste ambiente único. Além disso, é necessário desenvolver as capacidades das autoridades locais e nacionais, nomeadamente em termos de aplicação das políticas de gestão dos mangais e de monitorização dos ecossistemas, a fim de estabelecer uma abordagem participativa e inclusiva que envolva todas as partes interessadas.

1- 2- Medidas de proteção das florestas de mangais contra a desflorestação e o abate de árvores

A preservação dos mangais da lagoa do Tadio é crucial para a biodiversidade, os meios de subsistência locais e a luta contra as alterações climáticas. Em primeiro lugar, a agricultura insustentável e a urbanização crescente estão a ameaçar este ecossistema. As práticas agrícolas intensivas, como as queimadas ou a utilização de produtos químicos, degradam o coberto vegetal, promovem a erosão e poluem a água. Para remediar esta situação, há que incentivar a agro-silvicultura e a agricultura biológica, que protegem o solo e limitam a poluição.

Em segundo lugar, a rápida urbanização está a invadir os mangais, levando à perda de habitat e à fragmentação ecológica. Um planeamento urbano sustentável, centrado na proteção destas áreas, e iniciativas de recuperação, incluindo a criação de reservas naturais, ajudarão a preservar os mangais.

Além disso, face ao abate ilegal de árvores, sistemas de vigilância e de sanções nas aldeias vizinhas, sob o impulso dos chefes locais e das autoridades nacionais, permitiriam reforçar a conservação através do envolvimento ativo da população.

Por fim, para combater a poluição das águas e a degradação dos solos, são essenciais estratégias de tratamento das águas residuais e de redução da utilização de agroquímicos. Uma governação participativa e transparente, envolvendo todas as partes interessadas e sensibilizando as comunidades locais, é essencial para a gestão integrada e sustentável dos mangais da lagoa do Tadio.

2- Perspectivas e recomendações para o futuro dos mangais da lagoa do Tadio

2- I-Perspectivas e oportunidades para a preservação e desenvolvimento sustentável dos mangais na lagoa do Tadio

Foram desenvolvidas políticas, estratégias e quadros regulamentares nacionais e internacionais para preservar e recuperar os mangais. Vários países adoptaram medidas nacionais, como a estratégia sustentável da Costa do Marfim, actualizada em 2020, que visa melhorar a governação e recuperar as zonas degradadas. A nível internacional, convenções como a Convenção sobre a Diversidade Biológica e a CQNUAC promovem igualmente a preservação destes ecossistemas, reconhecendo o seu papel na luta contra as alterações climáticas.

O desenvolvimento de ferramentas e abordagens para a gestão integrada e a restauração ecológica dos mangais também aumentou. A utilização de sistemas de informação geográfica (SIG) e de teledeteção facilita a monitorização dos mangais. Na Costa do Marfim, está em curso o planeamento espacial marinho e costeiro (MSCP) para áreas como a lagoa de Tadio. Técnicas inovadoras de restauração, como a plantação de mangais e estruturas de retenção de sedimentos, estão a mostrar-se promissoras no reforço da resiliência dos mangais face aos desafios ecológicos.

Por último, o reforço das capacidades das comunidades locais é crucial. Os programas de formação e de sensibilização ajudam-nas a compreender a importância dos mangais e a adotar práticas sustentáveis. O acesso aos recursos económicos e uma maior participação na tomada de decisões também reforçam a sua capacidade de resistência face às alterações ambientais e sociais. Em suma, os esforços concertados dos actores locais e internacionais são essenciais para assegurar a sustentabilidade destes preciosos ecossistemas.

2- 2- Recomendações de ação e de investigação para a preservação e o desenvolvimento sustentável dos mangais da lagoa do Tadio

Em primeiro lugar, os quadros regulamentares desempenham um papel crucial na proteção dos mangais e na garantia da sua utilização sustentável, regulando actividades humanas como o abate de árvores, a pesca e o desenvolvimento costeiro. Para além da criação de áreas protegidas, a sua aplicação efectiva é essencial, exigindo recursos adequados para os organismos reguladores, bem como um controlo rigoroso. As comunidades locais e outras partes interessadas também estão envolvidas neste processo, comunicando as infracções e apoiando os esforços de aplicação da lei.

Além disso, os planos de gestão sustentável reforçam esta proteção, identificando objectivos, ameaças e oportunidades para os mangais. Prevêem medidas concretas, bem como mecanismos de acompanhamento e avaliação, que, por sua vez, exigem uma aplicação efectiva para garantir a sua eficácia. A participação das comunidades locais é essencial para avaliar as acções propostas e ajustá-las conforme necessário.

Numa perspetiva complementar, é essencial o desenvolvimento de iniciativas e projectos locais de preservação e recuperação. Adaptados às condições das comunidades e dos ecossistemas locais, estes projectos são optimizados pela participação das partes interessadas (ONG, empresas, governos). Além disso, as tecnologias modernas, como a teledeteção e a modelização informática, apoiam a cartografia das zonas prioritárias, melhorando a compreensão dos ecossistemas e a gestão das iniciativas.

Por último, para enfrentar os desafios complexos dos mangais, é essencial uma abordagem integrada e de colaboração. Isto implica a criação de sinergias entre vários sectores, como a agricultura, as pescas e o desenvolvimento costeiro, e o reforço da capacidade das comunidades locais para se tornarem mais resistentes face às mudanças. Em suma, o reforço e a aplicação efectiva dos quadros regulamentares, combinados com projectos locais, constituem uma abordagem coerente para a gestão sustentável dos mangais.

2- 3- Recomendações para a utilização de espécies de mangue na medicina moderna

Para promover a investigação sobre as propriedades medicinais das espécies dos mangais, é necessário criar programas de investigação específicos e incentivar uma colaboração estreita entre investigadores, praticantes da medicina tradicional e comunidades locais. Estes programas visam não só identificar as espécies de mangais com potenciais aplicações médicas, mas também desenvolver a capacidade local através de formação e de instalações de investigação. Ao mesmo tempo, incentivam a gestão sustentável dos recursos naturais, incorporando práticas de colheita responsáveis e protegendo as espécies vulneráveis.

Ao mesmo tempo, a comunicação e a popularização dos resultados da investigação continuam a ser cruciais para a sensibilização de uma série de públicos, incluindo profissionais de saúde, decisores políticos e comunidades locais. Diferentes estratégias de comunicação adaptadas a cada grupo (publicações científicas para os profissionais, campanhas educativas para as comunidades, relatórios para os decisores) facilitam a compreensão e a adoção de práticas sustentáveis.

Para reforçar os intercâmbios entre cientistas, profissionais tradicionais, decisores políticos e comunidades, é essencial a criação de plataformas de diálogo e de grupos de trabalho. Estes espaços favorecem uma melhor compreensão dos desafios e incentivam soluções conjuntas, tirando simultaneamente o máximo partido dos conhecimentos tradicionais. Uma abordagem integrada, que envolva vários sectores, como a agricultura, a pesca e o desenvolvimento costeiro, é essencial para maximizar as sinergias e adaptar as estratégias de gestão aos actuais desafios ambientais e sociais.

Conclusão

Em resumo, este capítulo pôs em evidência as múltiplas pressões exercidas pelas actividades humanas sobre os mangais da lagoa do Tadio. Em primeiro lugar, a urbanização crescente, ilustrada pela expansão urbana entre 1990 e 2022, teve impactos significativos, diretos e indirectos, sobre este ecossistema frágil. Além disso, o desenvolvimento agrícola, associado à pobreza e à sobre-exploração dos recursos, agravou os desafios que os mangais enfrentam, com consequências adversas para as comunidades locais que deles dependem. No entanto, estão a surgir iniciativas de conservação, baseadas em factores culturais e regulamentos ambientais. As crenças tradicionais e os conhecimentos locais sobre a biodiversidade desempenham um papel crucial na gestão sustentável destes ecossistemas. Além disso, o quadro legislativo, como o Código Ambiental da Costa do Marfim, é um instrumento essencial para a proteção dos mangais. Em conclusão, os mecanismos de conservação já existentes, nomeadamente as acções comunitárias e as medidas de proteção, testemunham uma tomada de consciência. Para o futuro, é imperativo promover estratégias sustentáveis, incluindo recomendações sobre a utilização dos mangais na medicina moderna, a fim de assegurar a sua valorização e preservação. Desta forma, uma abordagem integrada e participativa poderá garantir a sobrevivência a longo prazo dos mangais da lagoa do Tadio face às crescentes pressões antropogénicas.

REFERÊNCIA BIBLIOGRÁFICA

Tomlinson, P. B. (1986). *The Botany of Mangroves*. Cambridge University Press.

Alongi, D. M. (2009). *The Energetics of Mangrove Forests (A Energética das Florestas de Mangue)*. Springer.

Duke, N. C. (1992). *Florística e Biogeografia dos Manguezais*. Em *Tropical Mangrove Ecosystems,* eds. A. I. Robertson e D. M. Alongi, 63-100. Washington, DC: American Geophysical Union.

Barbier, E. B., Hacker, S. D., Kennedy, C., Koch, E. W., Stier, A. C., & Silliman, B. R. (2011). The value of estuarine and coastal ecosystem services. *Ecological Monographs*, 81(2), 169-193.

FAO (2007). *The World's Mangroves 1980-2005*. Roma: Organização das Nações Unidas para a Alimentação e a Agricultura.

Código do Ambiente e actos legislativos

O Código Florestal de 2019

O Plano Nacional de Gestão Integrada da Zona Costeira (PNGIZC)

Novo Código do Ambiente 2014

Lei n.º 96-766 de 3 de outubro de 1996

Lei 2014-390, de 20 de junho de 2014, sobre a transição energética

Decreto n.º 2015-537 de 16 de julho de 2015

Lei n.º 2015-532, de 20 de julho de 2015, relativa ao Código Marítimo

Lei n.º 2019-700, de 5 de agosto de 2019, relativa à proteção e gestão das florestas

Documentos consultados para a identificação e classificação dos mangais

"Manguezais de África

"Flora de Moçambique - Mangais

"Guia de Manguezais para o Sudeste Asiático

"Manual das espécies de mangais em África".

"Atlas mundial dos mangais

"Manguezais da África Ocidental e Central

GLOSSÁRIO

Mangues: Ecossistemas costeiros tropicais, os mangues desenvolvem-se em zonas intertidais, oferecendo habitats diversificados e protegendo as costas da erosão, contribuindo simultaneamente para a armazenagem de carbono.

Rhizophora mangle (mangue vermelho): Espécie de mangue caracterizada por raízes aéreas em forma de estacas que estabilizam o solo e reduzem a erosão costeira, desempenha um papel essencial na filtragem da água salgada.

Rhizophora racemosa (mangue branco): Mangue com raízes em estacas, este mangue é resistente às variações de salinidade e forma densas florestas nos estuários, contribuindo para a estabilização dos solos costeiros.

Conocarpus erectus: Arbusto de zonas húmidas tropicais, também conhecido como pau-botão, que cresce atrás dos mangais e desempenha um papel importante na estabilização dos solos e na biodiversidade costeira.

Bruguiera: Um género de mangue tropical, as espécies de Bruguiera são conhecidas pelas suas raízes em forma de joelho e pelo seu papel na estabilização da linha costeira e na criação de habitats para a fauna marinha.

Nephrolepis biserrata: Um feto tropical comum em zonas húmidas, que se desenvolve na vegetação rasteira dos mangais e contribui para a biodiversidade ao proporcionar um habitat para muitas espécies.

Zona de maré: Região costeira sujeita a flutuações da água devido às marés, crucial para a dinâmica dos ecossistemas marinhos e para a troca de nutrientes.

Hidrologia: Ciência que estuda a distribuição, a circulação e as propriedades da água na Terra, bem como as suas interações com o ambiente e as actividades humanas.

Parâmetros climáticos: Factores como a temperatura, a humidade e a precipitação que influenciam as condições ambientais e os ecossistemas.

Salinidade da água: Medida da concentração de sais dissolvidos na água, um parâmetro chave para determinar a capacidade dos ecossistemas aquáticos para suportar certas espécies.

Temperatura da água: Indicador essencial das condições térmicas da água, influencia a biodiversidade e o metabolismo das espécies marinhas.

Pressões antropogénicas: Todas as actividades humanas, como a urbanização e a exploração de recursos, que modificam e frequentemente deterioram os ecossistemas naturais.

Printed by Books on Demand GmbH, Norderstedt / Germany